数字绘画
技法丛书

王鲁光 著

Photoshop
写实绘画技法从入门到精通

第二版

化学工业出版社

·北京·

本书为Photoshop写实绘画入门教程升级版。作者总结多年教学经验,针对初学时的难点、困惑点进行编写、绘制。全书共7章,内容涉及软件工具讲解、苹果的绘制、静物的绘制、场景的绘制、五官的绘制、男子头像的绘制、田野中少女的创作、戴红花小女孩的创作。书中通过详细分析各步骤的绘制重点和不同阶段的学习难点,使读者在由易到难的过程中逐渐掌握技术,最终实现从手绘向数字绘画的无缝转接。本书附有教学视频、案例源文件、素材图,方便读者快速掌握软件使用、直观学习绘画技能。

本书可作为大中专院校美术类相关专业教材,亦适用于具有一定美术基础、对CG插画有浓厚兴趣的自学者,电脑绘画职业培训和社会培训机构师生,动漫设计从业者。

图书在版编目(CIP)数据

Photoshop写实绘画技法从入门到精通/王鲁光著.
—2版. —北京:化学工业出版社,2020.2(2024.8重印)
(数字绘画技法丛书)
ISBN 978-7-122-35792-2

Ⅰ.①P… Ⅱ.①王… Ⅲ.①图象处理软件
Ⅳ.①TP391.413

中国版本图书馆CIP数据核字(2019)第273475号

责任编辑:张 阳   装帧设计:王晓宇
责任校对:边 涛

出版发行:化学工业出版社(北京市东城区青年湖南街13号 邮政编码100011)
印   装:中煤(北京)印务有限公司
787mm×1092mm 1/16 印张10¼ 字数246千字 2024年8月北京第2版第5次印刷

购书咨询:010-64518888   售后服务:010-64518899
网   址:http://www.cip.com.cn
凡购买本书,如有缺损质量问题,本社销售中心负责调换。

定   价:59.80元

Preface
前言

　　首先感谢本书的读者朋友们，如果拙作能对您的数字绘画之路产生一些益处，这本书的价值也就真正得以体现。您现在看到的是本书的第二版，通过第一版的读者反馈和新的教学思考，笔者对书中内容进行了更新，在此向新老读者朋友表示由衷的感谢！

　　本书自2015年5月开始准备选题与写作内容，其中写作大纲五易其稿，正式进入写作阶段已是5个月之后，至2016年2月底完成全部内容，并于当年5月份正式出版，在2019年11月进行了再版修订工作，现在终于与您见面。时光如白驹过隙，笔者的心情依然兴奋而忐忑：兴奋的是，作品历经许多个不眠之夜终于可以面向读者，接受您的检阅；忐忑的是，不知笔者的专业水平是否能满足您在数字艺术学习和创作道路上的需要，能否对您或多或少产生帮助和启发。

　　实际上，想要写出一本循序渐进的数字绘画教程是笔者多年所需、所愿，这主要是由本人的工作性质决定的。笔者1999年开始学习绘画，2003年正式接触数字绘画，2010年正式成为高校教师开始教学工作，工作内容包含艺术学院美术学科的相关基础课程，从教学所需来说，一本步骤详细且适用于有一定美术基础的同学的数字绘画入门教程实在是迫切的。因此您在浏览本书时会发现，书中章节排列和案例顺序基本与国内美术教学的步骤相匹配，对学习过手绘美术的读者朋友来说应当不陌生。同时，本书的案例步骤尽量详细，数据务求精确，也是为了满足初学者之需。本书附有教学视频、案例源文件、素材图，大家可按照封面网址登录观看或免费下载使用。另外，扫描封面或内文二维码可浏览快速版案例视频。

　　本书虽定名为数字绘画"入门"教程，但并没有大篇幅地介绍软件基础操作和美术基础理论，原因有二：首先是任何课程的学习都需要参与者有一定的主观能动性，笔者在教学中也建议同学们提前熟悉工具，带着问题学习；其次是数字绘画在软、硬件操作方面也的确并不复杂，案例中用到的都是最基础的软件功能，笔者坚信唯有用最基础的工具实现所要画的效果之后，再去尝试绚丽的插件和滤镜来提高效率才是正确的学习之道。总之，本书源自与也受限于笔者的专业学习体会和教学经验，希望能得到您的理解与共鸣。

　　本书再版时，在最后增加了一个水彩风格的写实塑造案例作为一章，主要是考虑初版书中的案例可以进一步丰富，就画面效果而言，也应增加深受当下读者喜爱的带有传统手绘工具痕迹的作品，以便读者在后续的个人创作时可以继续研究原画、绘本等风格。虽然增加的案例使用了新版Photoshop软件，但是笔者刻意选择了对软件版本没有依赖的画笔。希望两版教程可以延续同样的教育教学理念：重基础，轻技法；一切以学生为重心、一切以学习为中心。

　　本书的撰写得到了杨亮琦的协助。在本书完成之际，要感谢家人的理解、同事们的指导、同学们的支持。鉴于笔者的学识和专业水平，书中难免有不足之处，敬请各位专家、读者指正。也欢迎各位与笔者进行关于数字绘画学习、创作方面的交流（邮箱：wluguang@sina.com）。

王鲁光

2019年11月于济南

CONTENTS

目录

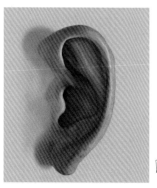

第1章

从一个苹果开始

　　本章首先介绍了当今主流CG（Computer Graphics，电脑图形）绘画软件的基本情况，并加以对比和分析。本书使用Photoshop软件进行数字绘画绘制。在具体案例中，本章以绘画学习过程中较为基础的苹果作品为例，并举出两种上色方法，力求在展示详尽的绘制技法的同时，使读者掌握具体工具的使用。

 1.1　准备工作

　　数字绘画即电脑绘画，是运用电脑绘图软件结合手绘板进行绘画和艺术创作的方式，因此软件、硬件和人就构成了完成数字绘画的三个重要部分。随着软件的不断普及和硬件的更新换代，越来越多的人希望进入这个领域进行探索和创作。

　　数字绘画的适用领域非常之多，无论是商业行为还是进行独立的艺术创作，几乎涵盖了所有依托计算机技术进行的视觉艺术创作活动，如平面设计、网页设计、三维动画、影视艺术、游戏设计、建筑设计等。

　　在进入数字绘画或电脑绘画这个领域之前，我们应当做好怎样的准备，就成为每一位入门者需要思考的问题。毫无疑问，一定的美术基础是必需的，而硬件技术的发展已经实现了绝大部分电脑对平面设计软件运行的基本要求。同样地，在软件使用方面我们也应当有一个相对全面的了解，正所谓"工欲善其事，必先利其器"，只有这样才能使我们在进行数字绘画的时候更好更快地实现每一位创作者心中的图像。

1.1.1　主流数字绘画软件特征比较

　　数字绘画所使用的软件种类很多，也各有特点，如Photoshop、Painter、SAI、Illustrator、CorelDRAW、FreeHand、ZBrush、SketchUp等。不同的软件各自有不同的特点，

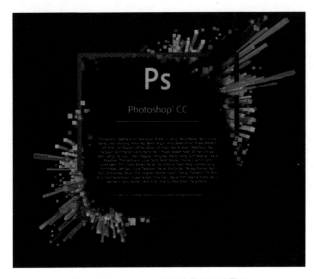

图1-1 Photoshop CC版本软件启动界面

初学者很容易无从选择。就目前设计领域的工作特点来说，单纯地掌握一个软件是不够的，在工作中需要若干软件的配合使用才能达到最好的效果，实现最快的效率。而妄图掌握所有软件也是一种不切实际的想法，是我们个人精力难以实现的。学习什么样的软件主要取决于未来职业规划的需要，而且根据设计师们的反馈，很多的软件由于界面布局、工具操作等具有很大的共通性，因此熟练掌握一个软件之后，对掌握其他软件有很大帮助。最为重要的是，市面上很多软件在功能上具有很大的相似性，因此我们与其求多，不如求精。

下面就为大家介绍一下在数字绘画领域使用十分广泛的三个软件：Photoshop、Painter和SAI。

（1）Photoshop

Photoshop全称为Adobe Photoshop（图1-1），简称"PS"，是由Adobe Systems开发和发行的图像处理软件。

Photoshop主要处理以像素所构成的数字图像。使用其众多的编修与绘图工具，可以有效地进行图片编辑工作。PS有很多功能，在图像、图形、文字、视频、出版等各方面都有涉及。

2003年，Adobe Photoshop 8被更名为Adobe Photoshop CS。2013年7月，Adobe公司推出了最新版本的Photoshop CC，自此，Photoshop CS6作为Adobe CS系列的最后一个版本被新的CC系列取代。

Adobe支持Windows操作系统、安卓系统与Mac OS，但Linux操作系统用户可以通过使用Wine来运行Photoshop。

在设计领域，Photoshop是最基础和使用最为广泛的设计软件，数字绘画是其强大功能模块中的一个。Photoshop画笔工具不但可以绘制超写实CG插画，同样也可以实现对真实绘画效果的模拟，因此，在进行电脑绘画学习时，以Photoshop软件入门是十分明智的选择。本书即以Photoshop CC版本为工具进行数字绘画的案例示范。

（2）Painter

如果用一句话总结Painter（图1-2）软件的特点，那就是这个软件可以很好

图1-2 Painter 2016版本软件启动界面

地实现对真实绘画效果的模拟。

Painter是一款极其优秀的仿自然绘画软件，拥有全面和逼真的仿自然画笔。它是专门为渴望追求自由创意及需要用数码工具来仿真传统绘画的数码艺术家、插画家及摄影师开发的。它能通过数码手段复制自然媒质效果，是同级产品中的佼佼者。

Painter，意为"画家"，加拿大著名的图形图像类软件开发公司Corel公司用Painter为其图形处理软件命名真可谓是实至名归。与Photoshop相似，Painter也是基于栅格图像处理的图形处理软件。

把Painter定为追求在电脑上实现手绘效果的数字绘画软件比较适合，其中内置的上百种绘画工具可实现对真实绘画效果的模拟，并可对多种类型的笔刷重新定义样式、墨水流量、压感，Painter为将数字绘画提高到一个新的高度提供了可能性。

（3）SAI

Easy Paint Tool SAI，简称SAI，意为小巧的绘画工具，是日本SYSTEMAX公司研发的软件，特点是免安装、小巧、简易。

SAI具备一定的对自然手绘材质的模拟能力，然而其最大的特点则是抖动修正功能，在使用手绘板进行绘制的时候可以很容易画出流畅优美的线条。另外，SAI的钢笔工具也具有独特的容易操作的特点。

尽管如此，由于功能限制和其他原因，SAI虽然逐渐流行但普及性并不是很高。这并不影响它成为一款十分优秀易用的电脑绘画软件（图1-3）。

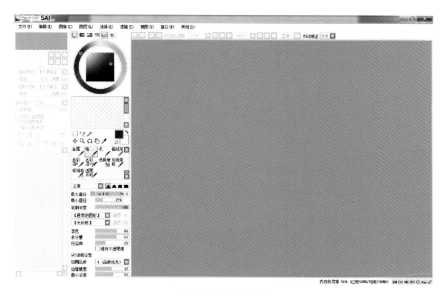

图1-3　SAI软件界面

1.1.2　Photoshop绘画的特点和优势

Photoshop的应用领域十分广泛，功能的强大和操作的简易是Photoshop得以广为人知，并在各个领域普遍使用的重要原因，几乎所有的数字艺术家都可以熟练使用Photoshop进行艺术创作，或者是在工作中使用 Photoshop 软件进行完善与补充。

本书的所有案例都用 Photoshop 绘制完成，这也仅仅是使用了 Photoshop 软件的其中一个功能。具体而言，Photoshop 的特点和优势如下。

第一，软件的使用十分普及。相信大家在进行数字绘画的学习以前，就听过或者接触过 Photoshop 软件。在数字绘画、平面设计、广告摄影、影像创意、网页制作、视觉创意、界面设计等诸多领域，Photoshop 都得以广泛使用。

第二，软件界面布局具有代表性。市面上可见的大多数软件，尤其是设计类软件，都遵循类似的软件布局，这使得我们在进行不同软件学习的时候，减少了陌生感（图1-4）。

图1-4　Photoshop 软件界面

第三，教程丰富，入门便捷。Photoshop 自20世纪90年代初即进入中国，随着软件技术的不断更新换代，其受众也越来越广泛。在中国，我们可以通过各种渠道，无论是网络资源还是学校教育，获取关于 Photoshop 学习的资料，包括视频教程、步骤解析等。对于身处这个时代的我们，在进行软件学习尤其是入门学习的时候，Photoshop 便成为很好的选择。

第四，汉化彻底，且国际流行。Photoshop 从最初的需要插件进行汉化，到现在官方语言中即自带简体中文版，可见 Adobe 公司对中国市场的重视和软件本身在中国范围内的普及。与很多三维软件和小众软件不同的是，Photoshop 汉化是非常专业和彻底的，也是经历多年的市场考验总结经验得来的，具有极高的准确度。文字的障碍不再成为入门的桎梏，降低了入门学习的门槛，也使得更多的人有机会接触并使用 Photoshop 软件实现自己的创意。

Photoshop 软件保持几乎每年一次的版本升级频率，这使得它紧跟设计潮流，因此，Photoshop 在世界范围内保持着极高的用户普及率。

第五，绘画功能齐全。尽管数字绘画只是 Photoshop 功能模块中的一项，但其绘画功能也是极其强大和丰富的。Photoshop 内置画笔形态各异，笔刷插件更是数不胜数（图1-5、图1-6）。

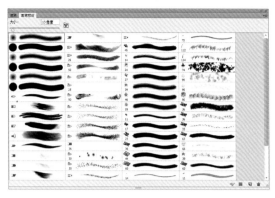

图1-5 Photoshop内置画笔

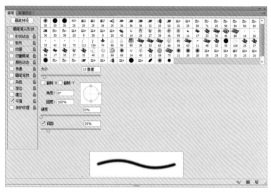

图1-6 Photoshop内置画笔预设

1.1.3 软件基础和重点工具讲解

Photoshop软件的应用领域非常广泛，其学习和使用也是一个循序渐进的过程，首先我们要对软件有一个宏观的了解，然后再详细介绍在使用软件进行绘制时的常用工具。

1.1.3.1 软件基础介绍

启动Photoshop CC，出现如图1-7所示的界面，界面布局在图1-4中已有大概介绍，具体包含菜单栏、工具属性栏、工具箱、图像窗口和浮动面板等。其中，菜单栏的位置是固定的，其他面板在使用过程中都可以根据使用者的习惯进行调动或关闭。一般情况下，软件会记住使用者对界面的改变，以保证对其工作习惯的延续。

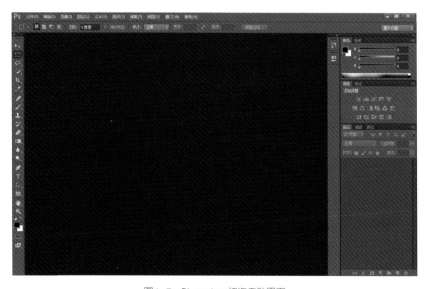

图1-7 Photoshop初次启动界面

下面我们就软件重点进行分析，另外在进行具体案例绘制时，也会将所使用的工具在每一案例的前面单独列出并讲解。

（1）界面颜色

Photoshop CC软件的启动界面是黑色的，而很多人在进行教程学习时发现其中的软件界面颜色较浅，这主要是因为软件设计者考虑到了软件使用者会进行长时间操作，因而通过设计将电脑屏幕对眼睛的伤害降到最低。更改界面颜色也十分方便，为了本书的印刷效果，我们将软件界面更改为浅灰色。

具体方法如下：执行菜单栏"编辑"＞"首选项"＞"界面"（图1-8）。

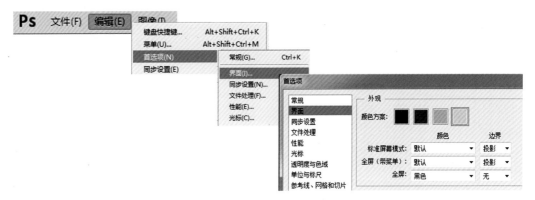

图1-8　界面颜色的更改

在打开的界面设置中，我们可以很清晰地看到Photoshop软件预设的四种颜色方案，只需要点选自己喜欢的颜色即可快速更改整个软件界面的颜色。实际上，我们也能看到对软件界面颜色可以设置更个性化的配色方案，但是一般不建议更改。

（2）工具与浮动面板

首先在按住键盘的Tab键时，可以隐藏Photoshop软件的所有工具和面板，这主要是为了在工具使用熟练的前提下，使用者可以将精力更多地集中在图像上面。同样地，再按一次Tab键又可以恢复显示（图1-9）。

图1-9　按Tab键隐藏工具和面板

点击菜单栏的"窗口"按钮，可以展开窗口内包含的所有工具与浮动面板。如图1-10所示，任一选项如果在前方被勾选，就说明这一工具或面板在软件界面中显示，反之则隐藏。因此，如果在操作中不小心关闭了某一面板，可以在窗口菜单中快速找到并予以显示。以"图层"面板为例，我们既可以在"窗口"中进行显示或隐藏，也可以将其拖动到界面中任意位置，并进行折叠或关闭（图1-11）。

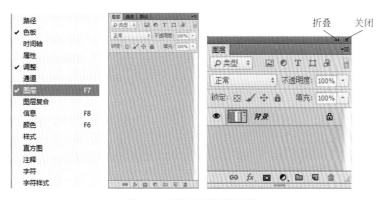

图1-10　窗口菜单　　　　　　　　　　图1-11　折叠或关闭图层面板

（3）文件格式

文件格式是一种将文件以不同方式进行保存的格式。Photoshop支持几十种文件格式，因此能很好地支持多种应用程序。在Photoshop中，常见的格式有PSD、BMP、PDF、JPEG、GIF、TGA、TIFF等。在执行菜单栏"打开"或"存储为"时，可以在弹出的面板中点选不同的文件格式（图1-12）。

图1-12　Photoshop支持的文件格式

在使用Photoshop时，最为常用的文件格式是PSD和JPEG，下面分析这两个文件格式的特点。

PSD格式：PSD（Photoshop Document）是Photoshop的专用文件格式，这种格式可以存储Photoshop中所有的图层、通道、参考线、注解和颜色模式等信息。在保存图像时，若图像中包含有图层，则一般都用Photoshop（PSD）格式保存。PSD格式在保存时会将文件压缩，以减少所占用的磁盘空间，但PSD格式所包含的图像数据信息较多（如图层、通道、剪辑路径等），因此比其他格式的图像文件还是要大得多。由于PSD文件保留所有原图像数据信息，因而修改起来较为方便。大多数排版软件不支持PSD格式的文件，但是在Painter和SAI软件中可以保存或打开该文件。

由此可见，我们在进行设计或创作时，应尽量保存PSD文件，以便后期继续操作或修改。同时，PSD文件作为作品的源文件，在许多比赛或其他时候被要求提供，以证明作品的版权归属。

当然，PSD文件由于保存到的原始信息很多，所有文件量也相应增大，许多看图软件如Windows自带的画图工具、Windows照片查看器都是打不开PSD文件的，但是Adobe公司的软件基本上都可以打开或者导入PSD文件，如Adobe Illustrator、PageMaker、InDesign等，专业看图软件如ACDSee也可以即时浏览PSD文件。

JPEG格式：JPEG（Joint Photographic Experts Group）是由国际标准组织和国际电话电报咨询委员会为静态图像所建立的第一个国际数字图像压缩标准，也是至今一直在使用的、应用最广的图像压缩标准。JPEG由于可以提供有损压缩，因此压缩比可以达到其他传统压缩算法无法比拟的程度。

JPEG格式又简称jpg格式或.jpg格式，是一种比较常见的图像格式。如果你的图片是其他格式，可以通过以下方法转化。

① 使用Photoshop，打开图像以后，点击"文件" > "另存为"，在"保存类型"下拉菜单选择JPEG格式，点击"保存"之后还可以选择是否对图像进行压缩，以及进行压缩比设置。这个方法比较简单，而且适合画质比较好的、要求比较高的图片转换（图1-13）。

图1-13　使用Photoshop存储JPEG格式

② 如果要求不高，也可以直接使用Windows附带的图画程序，选择JPEG格式即可。这种转换方式画质不高。或者使用ACDSee软件，点击"文件" > "另存为"，也可保存成需要的格式。

如果是用JPEG格式转其他格式，以上方法同样适用。JPEG格式也是常用的文件格式之一，通常我们会保存源文件为PSD格式，同时存储一份JPEG文件，以满足不同需求。

在此特别指出一个软件初学者容易犯的错误，在点击鼠标右键对文件进行重命名时，有时会将文件格式后缀也一并更改，造成电脑对文件无法识别。正确的方法为，保留文件后缀，以保证其格式可识别（图1-14）。

左图：对文件进行重命名时将后缀格式也一并更改

中图：文件无法识别

右图：正确的重命名方式，保留文件格式后缀，如".jpg"

图1-14 文件重命名

总之，由于PSD文件对原始信息的充分保留以及JPEG文件便于浏览和体积小的特点，这两个文件格式将是我们在未来进行数字绘画时经常用到的。当然，Photoshop同时支持数十种文件格式，它们也各有特点，这会在后文需要的时候再进行分析讲解。

1.1.3.2 重点工具讲解

以上我们对软件的部分内容和注意事项有了一些基础了解，下面对一些重点工具和内容进行学习，其他工具在具体使用前会进行讲解。

（1）新建文件

进行电脑绘画的第一步，就是新建一个文件，就如同在进行手绘之前准备好一张画布一样。

启动Photoshop CC之后，在菜单栏点击"新建" > "文件"，对弹出的面板进行新文件的设置（图1-15）。

我们需要依次对文件的名称和尺寸进行设置。其中尺寸可以选择预设中的"国际标准纸张" > "A3/A4"，也可在预设中自定义尺寸。需要注意的是，新建文件的分辨率最好不要低

图1-15 新建文件

于300像素，这是为了保证文件绘制时有足够的细节以及保证打印时的清晰度。

如何查看或更改已经打开的文件尺寸与分辨率呢？依次点击菜单栏"图像"＞"图像大小"/"画布大小"即可。需要强调的是，虽然我们可以在此对文件的尺寸与分辨率进行更改，但是一般规律是：将大图和高分辨率图改小时问题不大，但将小图和低分辨率图像改大时效果往往并不尽如人意。因此我们在进行数字绘画或设计之前，务必考虑好未来修改的各种可能性。

有一个良好的工作习惯很重要，在进行电脑进行创作时，难免会遇到各种问题，因此务必要经常保存文件。虽然Photoshop CC提供了文件的自动保存功能（在"编辑"＞"首选项"＞"文件处理"＞"文件存储选项"中进行设置），但我们依然要将文件的经常保存和多方备份作为良好习惯延续下去。

新建文件的快捷键是：Ctrl+N；保存文件的快捷键是：Ctrl+S。

（2）工具箱

在第一次启动Photoshop CC时，工具箱（图1-16）会出现在屏幕左侧。可通过拖移工具箱的标题栏来移动它。也可以通过选取菜单栏"窗口"＞"工具"显示或隐藏工具箱。工具箱中的每一个工具用一个图标来表示，有些工具所在位置的右下角会有一个很小的箭头，如果有，表明有多个工具共享此位置（图1-17），要想看到一个工具箱位置中的所有工具，需将鼠标指针移动到此工具箱的位置并且按住鼠标按钮不放。要想选择其中的一个工具，需将鼠标移动到此工具上，单击此工具来选择它。当松开鼠标以后，该工具就会出现在"工具箱"面板上。

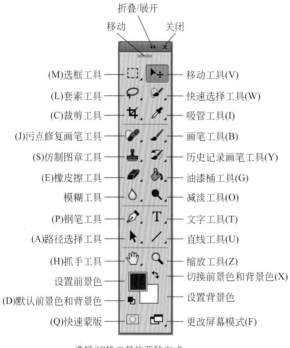

图1-16　工具箱与快捷键

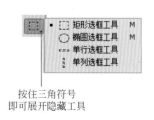

图1-17　工具扩展符号

Photoshop软件版本很多，但是基本界面布局变动不大，工具箱有增添和改动，但主要部分的工具变化不大。

如果将鼠标指针在一个工具上停留几秒钟，就会出现这个工具的名称和快捷键，这有助于我们在频繁使用某一工具时记住快捷键，以节约时间、提高效率。

需要特别强调的是，快捷键的使用应在英文输入法模式下进行。

（3）画笔工具

画笔工具是使用Photoshop进行数字绘画的主要工具，因此有必要对其进行深入细致的了解。

展开画笔工具的隐藏工具后，可以看到，画笔工具（图1-18）有四种：画笔工具、铅笔工具、颜色替换工具和混合器画笔工具，它们的快捷键是B。我们将主要使用画笔工具和混合器画笔工具来完成本书的案例。

图1-18 画笔工具

当我们点选工具箱中的画笔工具或按快捷键B选择画笔工具时，工具属性栏就会自动切换为画笔工具的属性设置（图1-19）。

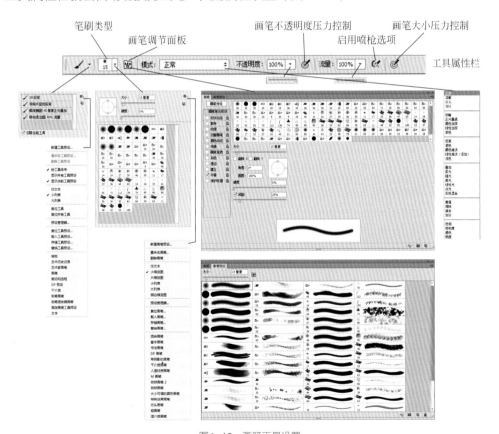

图1-19 画笔工具设置

通过笔刷类型和画笔预设可以很直观地看到，Photoshop的内置笔刷素材非常丰富，基本可以满足数字绘画时的各种需求。其实，在进行数字绘画时，真正使用到的笔刷和设置很少，

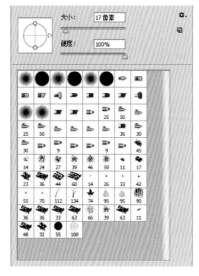

图1-20　右键调出笔刷预设面板

尤其是当绘画者逐渐形成个人风格之后。在本书大部分案例的绘制过程中，我们都不需要打开图1-19所展示的这些复杂设置。

Photoshop帮我们设计了更为快捷简单的笔刷选择方法，那就是在画笔工具模式下，点击鼠标右键，即可打开如图1-20所示的笔刷预设面板，我们可以很直观地对画笔的角度、大小、硬度、类型进行拖动更改和点击选择。

当然，在绘制过程中，可能我们只需要调节画笔大小，进入细节的描绘或进行整体的绘制，此时使用快捷键更为方便，即按键盘的"["调小，按"]"调大。

点击笔刷预设面板右上角的设置图标，在展开的菜单中内置了6种笔刷显示的方式，分别是：仅文本、小缩略图、大缩略图、描边缩览图、大列表、小列表，以便使用者根据不同的习惯进行笔刷的显示（图1-21）。

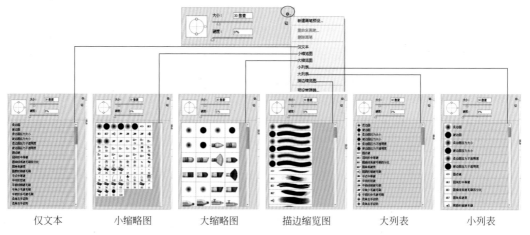

仅文本　　　小缩略图　　　大缩略图　　　描边缩览图　　　大列表　　　小列表

图1-21　笔刷显示的不同方式

图1-22　柔边圆笔刷

在进行写实绘画时，主要使用的是预置笔刷中的"柔边圆"，因为这个笔刷绘制的笔触效果更接近真实，也便于写实绘画时的笔触衔接（图1-22）。

接下来，我们分析画笔绘画的效果，并研究画笔工具设置的不同给绘画效果带来的改变。画笔工具的充分使用还需要数位板的配合，数位板介绍请参见本章1.1.4。不透明度和流量后面的压力控制按钮在默认情况下是不被点选的，也就是说，即使我们在电脑上连接了手绘板，也需要将压力控制按钮点选之后手绘笔才能真正发生作用。压力控制按钮见图1-23红圈部分。

图1-23　压力控制按钮

下面，我们来分析压力控制按钮点选前后的不同效果。

首先新建一个空白文件（宽36厘米、高15厘米、分辨率300像素），然后点选工具箱中的画笔（或按快捷键B）进入画笔工具，将前景色设置为黑色（位置参见图1-16），其他参数不变，点击鼠标右键，在弹出菜单中将画笔大小更改为200像素，绘画效果如图1-24所示。

A：不透明度为20%，流量100%；

B：不透明度为100%，流量20%；

C：不透明度为100%，流量100%；

D：不透明度为100%，流量100%，点选不透明度压力按钮；

E：不透明度为100%，流量100%，点选不透明度压力按钮和压力控制按钮。

通过对比可以很清晰地看到，在点选压力控制按钮之后，手绘笔的绘画效果有了明显改变，即通过用笔的轻重来模仿现实生活中用笔浓、淡、粗、细的效果。

同时，我们也观察到，压力控制按钮实际上对应的是工具属性栏中画笔调节面板的传递、建立和形状动态，对应情况如图1-25所示。

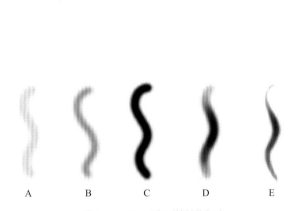

图1-24　压力控制对笔触的影响

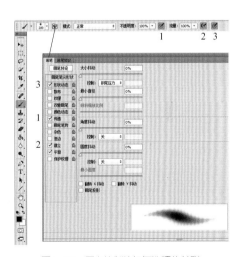

图1-25　压力控制按钮与选项的关联

（4）图层面板

图层是Photoshop中一个非常重要的概念。"层"就好像一张张透明胶片，我们在每一张透明胶片上进行绘图，图层面板就是集中管理这些不同层次图片的地方。由于软件的便捷性，我们可以通过对图层进行单独的修改，进而直观简便地对画面做出调整。

图层面板属于浮动面板，可以点选菜单栏"窗口"＞"图层"，也可以按快捷键F7，实现对图层面板的打开或关闭（图1-26）。

第1章　从一个苹果开始

Chapter 1

Chapter 2

Chapter 3

Chapter 4

Chapter 5

Chapter 6

Chapter 7

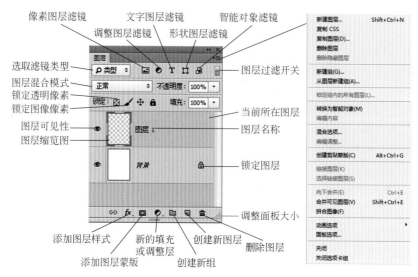

图1-26 图层面板

图层是进行数字绘画时经常用到的功能，图层的合理使用往往是鉴定使用者是否专业的方法之一，正确使用图层功能可以使工作效率极大地提高。如图1-26所示，图层面板集合了很多参数和设置，但是我们将来使用时并不会全部用到。在菜单栏中也有相同功能的"图层"栏存在。我们应当在反复使用中熟练掌握图层功能。

1.1.4 数位板的使用

数位板，又叫手绘板、绘图板、绘画板，是计算机输入设备的一种，也是我们在进行数字绘画或CG插画时的必备工具之一。数位板通常由一块板子和一支压感笔组成，在进行数字绘画时常使用数位板来模拟纸上手绘，而且借助软件技术的便捷，可以更快地实现对图像的绘制和编辑（图1-27）。

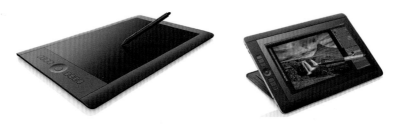

图1-27 手绘板和手绘屏

数位板可以结合Photoshop、Painter、SAI等绘图软件进行插画绘制或其他平面设计，也可以结合ZBrush等数字雕刻软件进行三维数字造型设计，还可以在游戏中发挥其精准性和高灵敏度的特点。数位板正确使用的前提是驱动程序的合理安装。

随着硬件技术的发展，数位屏也逐渐普及。与数位板相比，数位屏（又称手绘屏）在绘画时具有更直观的特点，不同尺寸的数位屏可以满足使用者对大绘图区域或便携的要求。但是数位屏的价格相对较高，大家可根据各自需要购买。

数位板的品牌很多，国外有Wacom，国内有汉王、友基等，同一品牌也有一定的价格差距。以Wacom为例，手绘板有入门级Bamboo系列和专业级Intuos（影拓）系列，手绘屏有Cintiq（新帝）系列。本书案例的绘制所使用的手绘板型号为Wacom Intuos Pro PTH-651。

由于工作习惯的不同，有时候我们会将线稿画在纸上，用扫描仪或数码相机将手绘线稿转成数字文件，然后在软件中进行修线、上色等工作，这在后面的案例中会再作分析。

 ## 1.2 苹果的绘制

苹果在生活中极为常见，也是在进行手绘学习时的基础训练内容之一。由于苹果形状各异且结构稍显复杂，在绘画时经常会遇到各种问题。而且，绘制出一个具有立体感的苹果与绘制一个写实苹果之间有着诸多不同。因此，我们经过反复斟酌确定将写实苹果的绘制作为书中的第一个案例。

图1-28是一个使用Photoshop绘制完成的苹果案例，使用的是写实绘画技法，通过查看图层面板我们可以很清晰地看到，这个案例共分6个图层，下面分别对这几个图层进行分析。

① 遮罩层：遮罩层使用的是工具箱中的径向渐变工具。渐变工具与油漆桶工具共用一个位置，在渐变的工具属性栏选择径向渐变即可（图1-29）。遮罩层的主要目的是降低画面四周的亮度，以达到视觉向画面中心集中的目的。当然，要达到这一效果还有其他方法，那就是使用油漆桶工具在这一图层填充黑色，然后再使用橡皮擦工具将画面中心区域的黑色擦除。

② 细节层：这一图层是用来绘制苹果细节的，如苹果上面的斑点、疤痕等。将这些内容单独放在一个图层是非常重要的，有利于在进行数字绘画时对其他图层作整体性调整，而不必考虑细节的影响（图1-30）。

③ 苹果层：这一图层是主体物的绘制图层，使用的是Photoshop内置笔刷"柔边圆"，笔触反复叠加以求自然衔接。绘制完成以后对苹果的暗部和边线做了一定模糊，以达到体面的自然转变和空间纵深感的刻画。在进行写实物体的描绘时切忌概念化，不要单纯地描绘

图1-28 图层分析

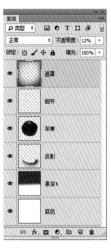

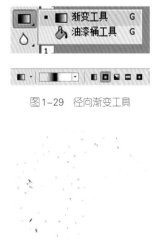
图1-29 径向渐变工具

图1-30 细节图层

物体的"三大面、五调子"，写实物体的素描结构要复杂和细腻得多，应认真体会、勇敢突破（图1-31）。

④ 投影层：投影是表达物体立体感与空间感的重要载体，绘制时需考虑光源的方向以及投影的虚实变化。本层被苹果图层遮挡，因此上部边缘未做处理（图1-32）。

图1-31　苹果层　　　　　　　　　　　图1-32　投影层

⑤ 其他层：景深层使用的是渐变工具的线性渐变；底色层为使用油漆桶工具选取白色填充。

因此，正确的分层意识、一定的绘画基础和对工具的熟练掌握就成为完成以上案例的重要基础。接下来我们正式进入苹果的绘制。

1.2.1　素描苹果绘制

素描是绘画的基础，广义地讲，所有单色画都是素描。素描训练也是绘画学习的基础训练内容之一。在进行单色训练时，绘画者可以暂时不必考虑复杂的色彩关系与技法，转而将精力放在基础性的对物体立体感、空间感、质感的描绘以及对基础工具的使用。将素描苹果作为本书的第一个案例，即是出于以上考虑。

在进行电脑绘画学习的初级阶段，培养绘画者与软、硬件的默契度也是训练的重要内容，使用手绘板和软件在电脑上进行绘画，虽然可以模拟纸上绘画的效果，但这与纸上绘画毕竟有着很大不同，因此，在初学时尽量多地进行素描训练，有助于绘画者尽快掌握工具，尽早达到人与软、硬件的默契配合。

另外，素描训练所使用的工具相对较少，可以避免数字绘画初学者为软件的复杂设置和操作工具所困惑。

在自己动手画以前，先来看几个例子。

图1-33所示是初学电脑绘画的例子，分别代表了不同的问题：图右侧的苹果很明显使用的是硬边画笔，这种笔刷画出的笔触边缘清晰，不利于衔接，很难画出写实的效果，而且从整体画面来看，缺少黑白灰的布局经营，光源显得不合理；图左侧的苹果虽然在笔刷选择和塑造上没有太大问题，细节描绘也很充分，但是依然可以看出来很强烈的"未完成"效果和"学生气"，只是一味地完成概念化的立体感、空间感的塑造，无法将更多精力用在质感塑造上，这主要是缺少写实训练造成的。

图1-34的两个例子则要好得多，苹果的塑造不再概念化，笔触的衔接也变得自然，细节的刻画相对充分。但依然存在许多问题，如图左侧的苹果笔触模糊过度、右侧苹果投影刻画生硬。

以上问题都是在初学时极易出现的，应当进行有意识地调整和修正。

图1-33 初学范例一

图1-34 初学范例二

1.2.1.1 绘前分析：确定黑白灰并起稿

在进行素描苹果的绘制以前，必须将整个画面的黑白灰作经营布局。虽然是素描作品，但是绘画者依然可以尝试在心中对作品进行色彩的假设：苹果是绿色还是红色、光线是自然光还是灯光、放置苹果的台面是白色还是其他颜色，等等。这些假设其实在很大程度上决定了将来整个画面最重和最亮的颜色分别是哪些物体或部位，决定了物体与投影、物体自身"三大面、五调子"的关系，最为重要的是，预设了画面的合理性。

具体步骤如下：

① 新建画布。运行Photoshop CC，新建长宽分别为20厘米、分辨率为300像素的画布（图1-35）。

② 绘制线稿。选择画笔工具，点击右键选择第一个柔边圆笔刷，设置大小为20像素，不透明度100%，流量为8%，并点选不透明度和流量的压力按钮。在图层面板新建一个图层，双击命

图1-35 画布设置

名为线稿层。在线稿层进行起稿绘制（图1-36）。

在线稿层绘制苹果的大形，并简单标示投影和明暗交界线的位置与形状。然后，新建两个图层，分别为苹果层和投影层（图1-37）。

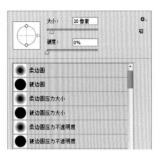

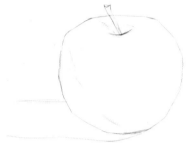

图1-36　画笔和图层设置　　　　　　　　　　　　　图1-37　线稿

1.2.1.2　铺设大关系

① 颜色填充。线稿绘制完成后，复制一层并隐藏原图层，在新复制的线稿层进行颜色填充（选择油漆桶工具，颜色参数为R：170、G：170、B：170）。选择画笔工具，使用较大的笔刷和深灰色简单地将苹果暗部和投影标示出来，使用较小的笔刷将苹果梗加深（图1-38）。在本案例的笔刷工具属性设置中，不透明度为100%，流量为10%左右，压力控制按钮需点选。

> **Tips**
> 在进行写实绘画时，我们经常需要拾取中间色进行颜色的过渡，也需要经常更改笔刷的大小以进行细部或整体的绘制、修改，此时使用快捷键就显得十分方便。调节笔刷大小的快捷键分别是"["和"]"，颜色拾取器的快捷键是"Alt"。需要再次强调的是，快捷键的使用须在英文输入法模式下进行。

② 简单塑造。对苹果的体面做简单标示，将明暗交界线强调一下，并在其前后绘制过渡色，绘制时留出反光效果，并将投影与苹果接触位置加重（图1-39）。

图1-38　颜色填充　　　　　　　　　　　　　图1-39　简单塑造

这一步使用了混合器画笔工具（位置参照图1-18），相关参数设置如图1-40所示。

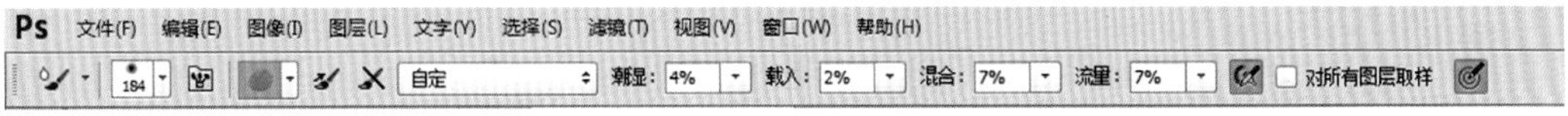

图1-40　混合器画笔参数设置

③ 亮部加强。本步骤主要还是对苹果的黑白灰颜色进行调整。在完成以上步骤后，发现苹果的主体颜色过重，因此选择大笔刷拾取亮色进行亮部提亮。颜色参数为R：205、G：205、B：205。此时需要画出苹果窝的反光，以加强苹果体面转折的效果（图1-41）。

1.2.1.3　深入刻画

深入刻画是进行写实绘画的必要过程，也是难度较大的过程。这一阶段的难点并非在于常规地对苹果立体感的绘制，而是对中间色（灰调子）的反复打磨以求质感的真实。技术方面，由于使用了混合器画笔工具，在融合过渡颜色的同时，很容易使画面给人带来"腻"的感觉，需要在笔触塑造和笔触融合之间反复尝试。

① 细节刻画。使用小笔触对苹果梗的形状进行细致调整，加重其颜色，并在加重时强调背光与受光对比。另外，将苹果梗的投影进行合理性和虚实方面的调整。此时除了用到画笔工具外，还需使用橡皮擦工具擦除轮廓之外的颜色和笔触，橡皮擦工具的快捷键是"E"。

同时，使用小笔触沿苹果的结构进行绘制，以加强其体积感并防止笔触过于模糊（图1-42）。

② 高光刻画。本步骤在延续上一步笔触塑造的基础上，提亮了苹果的高光部分，并提亮了苹果窝和苹果亮部的反光（图1-43）。

图1-41　亮部加强

图1-42　细节刻画

图1-43　高光刻画

③ 笔触融合。使用小笔触对整个苹果进行一遍刻画之后，将苹果分成若干个面，寻找到苹果身上所有的反光部位，强化整体轮廓线并加重，同时加强投影的轻重对比。

完成以上步骤后，使用混合器画笔工具进行笔触与颜色的融合，之后使用橡皮擦工具擦除轮廓线以外的颜色（图1-44）。

图1-44　笔触融合

④ 整体提亮。在进行塑造和颜色混合时，很容易使画面颜色加重，此时需经常回忆最初对苹果颜色的设定。本步骤对苹果整体颜色进行提亮，方法有两种：一是选取较亮的颜色直接绘制；二是使用减淡工具（快捷键为"O"）进行修改。本案例中对两种方法都有使用，而且在进行画面虚实对比时，也使用了工具箱中的模糊工具（位置参照图1-16）对苹果暗部和投影进行模糊（图1-45）。

图1-45　整体提亮

⑤ 深入刻画。这是在写实苹果绘画进入到最终细节刻画以前的最后一个刻画和调整步骤，这个步骤主要处理三个问题：黑白灰关系（苹果本身的三大面、五调子的黑白灰以及苹果与其投影的黑白灰对比）、五调子的塑造（高光、中间调、明暗交界线、反光、投影）、苹果与周边（此处指投影）的对比关系（图1-46）。

图1-46的第1个步骤图相对于图1-45来说，首先将苹果梗深入刻画，整体进行了一次提亮和修边，在苹果亮部绘制一些反光并将暗部边线与投影之间拉开对比；第2个步骤图主要是处理整体轮廓线，使用的还是混合器画笔工具，将比较实的边线处理得稍微虚一些，使得边线和空间有更好的融合，并将明暗交界线的形状做了细致刻画；第3个步骤是将苹果轮廓以外的颜色擦除，依旧是将精力放在轮廓线的处理上面；第4个步骤则是在笔触融合之后稍作笔触刻画，防止画面出现"腻"的效果。

深入刻画之后就要进行最后的质感效果绘制了，因此深入刻画步骤需耐心谨慎，反复对比之后再进入接下来的绘制。

图1-46 深入刻画

⑥ 绘制完成。这是整个写实苹果绘制的最后一个步骤，主要是刻画苹果表面的纹理和斑点。通过4个分解步骤可以很清晰地看到，使用小笔刷和顺着苹果的结构进行最终纹理绘制的同时，也刻画了一些苹果的斑点。在刻画的最后一个步骤，增加了一层景深，为画面增加了空间感（图1-47、图1-48）。

图1-47 绘制完成

图1-48 最终成稿

1.2.2 苹果的上色

苹果的上色有很多种方法，最直观的是直接画法。如图1-28所示，直接使用有彩色进行绘制，这种方法的优点是直观、自然。本案例介绍两种适用于黑白图像转换成彩色图像的方法，二者都是先绘制黑白素描稿之后，通过Photoshop调色转换成其他颜色，主要目的是帮助初学者建立数字绘画思路并介绍工具的使用。

黑白素描稿调色的基础是图像模式需为有彩色，如果图像在灰度模式下绘制任何颜色都只能显示无彩色。图像模式的确认在Photoshop菜单栏的"图像">"模式"下，在进行数字绘画时一般选择RGB颜色模式（图1-49）。

常用颜色模式简介：

① 灰度模式。灰度模式下的图像只有灰度，而没有其他颜色。如果将彩色图像转换成灰度模式后，所有的颜色都将显示为不同深度的灰色。

② 索引颜色。这种颜色模式主要用于多媒体的动画以及网页制作。它主要是通过一个颜色表存放其所有的颜色，索引颜色只支持单通道图像。

③ RGB颜色。R代表红色，G代表绿色，B代表蓝色。这是Photoshop中最常用的模式。在RGB模式中，由红、绿、蓝相叠加可以产生其他颜色，因此该模式也叫加色模式。所有显示器、投影设备以及电视机等许多设备都是依赖于这种加色模式来实现显色的。

④ CMYK颜色。CMYK代表印刷上用的四种颜色，C代表青色，M代表洋红色，Y代表黄色，K代表黑色。CMYK模式是最佳的打印模式，此模式主要应用于工业印刷方面。

颜色模式之间可以互相切换，但在切换时会造成一定的颜色失真。

图1-49 颜色模式

1.2.2.1　两种上色方法

第一种方法可以称为"调整上色法"，即使用Photoshop菜单栏的"图像" > "调整" > "色相/饱和度"/"色彩平衡"/"黑白"/"照片滤镜"/"通道混合器"工具进行调整上色（图1-50）。

第二种方法可称为"图层上色法"，是油漆桶工具配合图层混合模式（红框处，位置参见图1-26）和剪贴蒙版（在颜色填充层点击鼠标右键弹出菜单）工具进行的上色方法（图1-51）。

图1-50　调整上色法

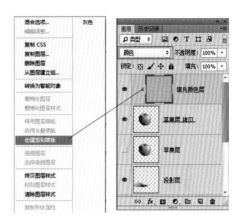

图1-51　图层上色法

以上两种方法都是对黑白素描图进行上色的方法，在对黑白照片进行上色时也经常使用。使用这两种方法上色的弊端是会对图像进行整体性和基础性颜色的改变，无法做精细调整。以素描苹果为例，将苹果的颜色整体调整为黄色之后，苹果梗的颜色和苹果斑点的颜色也一并被改变成绿色，还需要单独新建图层对苹果梗和斑点颜色进行绘制或调整。解决的唯一方法就是在进行素描苹果的绘画时，尽量多分层。

1.2.2.2　上色并深入刻画

结合以上两种上色方法，对素描苹果进行上色。

（1）基础颜色

打开本书配套的案例源文件"素描苹果完成稿.psd"，复制一个苹果层，将原图层隐藏。使用快捷键Ctrl+U调出"色相/饱和度"工具面板，勾选右下角的"着色"选项，设置参数为色相80、饱和度51、明度0，点击确定完成整体绿色色调的调整（图1-52）。

（2）细节颜色

在进行基础颜色的调整之后，需要对苹果梗和斑点的颜色进行调整。绘制苹果梗的颜色有许多方法：第一种方法是使用套索工具对苹果梗进行精细选取，然后将苹果梗单独复制到一个新图层，再使用"色相/饱和度"工具面板

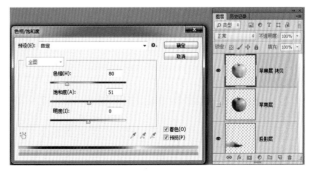

图1-52　基础调色

进行颜色调节；第二种方法是在苹果层之上新建一个图层，简单绘制颜色之后使用图层混合模式和剪贴蒙版进行上色。此处以第二种方法为例。

① 在"苹果层 拷贝"图层上新建一个图层，并命名为"苹果梗颜色层"。

② 在"苹果梗颜色层"点击鼠标右键，在弹出菜单栏点选"创建剪贴蒙版"。在剪贴蒙版图层进行颜色绘制时，颜色会自动被限制在下方基底图层的轮廓范围内。

③ 在"苹果梗颜色层"上绘制苹果梗的颜色，以棕黄色为主，颜色主要为深色（R：55、G：41、B：30）和浅色（R：201、G：150、B：103）。

④ 在当前图层下，将图层混合模式切换为"色相"（位置参见图1-26）。

⑤ 对于苹果的斑点、投影和周边颜色可根据个人需要进行绘制或调整。最终效果如图1-53、图1-54所示。

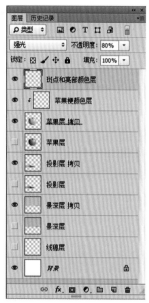

图1-53 图层分布

图1-54 素描上色

（3）方法总结

使用软件工具的确可以对素描稿进行上色，然而这种上色的最大问题是机械化导致的不自然。由于软件调色不能考虑到整个画面细微的冷暖对比，因而容易造成颜色的僵硬。当然，通过细致耐心的操作依然可以实现比较好的效果，这就需要绘画者熟悉工具和锻炼个人的色彩感觉。

 实战练习

1.绘制素描苹果并预先设计好颜色，如红色蛇果和黄色苹果，对比素描效果的不同。

2.选择质感不同的水果进行练习，如表皮凹凸不平的橙子、切开的西瓜等，尝试不同的上色方法。

第2章

静物的绘制

　　本章以静物绘制为例。在每一个案例开始前进行分析，主要是为了培养绘画者的主观能动性。同时，通过不同材质的静物绘制，研究物体不同质感的表现手法，强化对基础工具的使用，并通过对其他Photoshop工具的使用，研究如何更好更快地实现数字绘画中的静物绘制。

 ## 2.1　盛酒的高脚杯绘制

　　玻璃器皿是生活中极为常见的，玻璃高脚杯也是学习手绘时的基础训练内容之一。高脚杯的塑造不同于其他物体，并不完全符合常规的"三大面、五调子"规律，其本身受环境影响很大，有很强且不单一的高光与反光，因此在进行高脚杯绘制时，经常由于其反光与高光的明度关系不协调，导致杯体没有立体感以及质感描绘不准确。本案例即是讲解如何在数字绘画中使用Photoshop进行盛酒高脚杯的绘制。

2.1.1　绘前分析：图层与工具

　　在进行数字绘画之前，对所要描绘的内容进行分析是极为必要的，这不仅可以提高创作效率，也可以更好地将构思图像化。在此主要分析图层分层与工具使用两方面。

　　图层：使用Photoshop绘制盛酒高脚杯一般至少应该设置近景、中景和远景三层；也可以设置背景层、投影层、高脚杯层、红酒层四个基本层。若再进行细分，在高脚杯图层可能还需要将高光和反光单独分层。

　　工具：除常规笔刷工具外，由于高脚杯的形状具有对称性，手绘容易出错，还可以考虑使用钢笔工具或选区工具进行基本轮廓绘制。

2.1.2 绘制线稿的四种方法

高脚杯有多种形状，无论何种形状都具有对称的特点，此处列举四种方法绘制高脚杯基本轮廓。

（1）套索工具法

① 新建空白文件，按快捷键L键或在工具箱中选择套索工具（位置参见图1-16），点选套索工具的扩展符号展开套索工具的扩展工具，选择多边形套索工具，在图层面板新建一个图层并命名为多边形套索画轮廓（图2-1）。

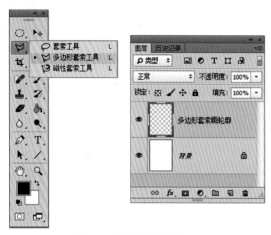

图2-1 多边形套索绘图

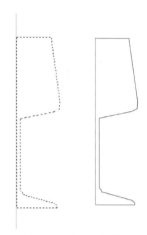

图2-2 绘制选区并描边

② 在新建的空白图层进行绘制，画出高脚杯的一半轮廓。点击鼠标右键，在弹出的菜单中选择描边，设置参数为3像素，点击确定进行描边，并执行菜单栏"选择"＞"取消选择"或按快捷键Ctrl+D取消选区，完成一半高脚杯的绘制（图2-2）。

Tips

在使用多边形套索工具绘制时，可按Shift键在两点之间绘出垂直线。

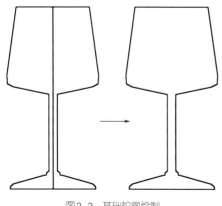

图2-3 基础轮廓绘制

③ 复制描边图层，执行菜单栏"编辑"＞"变换"＞"水平翻转"后，将复制图层移动到原图对称位置，在复制图层点击鼠标右键，选择向下合并，将两个图层合并成一个图层。最后使用橡皮擦工具擦除中间的竖线，即可完成高脚杯基础轮廓绘制（图2-3）。

（2）选框工具法

高脚杯主要分为杯口、杯身、杯杆、杯座四个部分，本方法是使用椭圆选框工具和矩形选框工具分别对各部位进行分层绘制并描边的方式，化整为零，最后合并为一个图层来绘制高脚杯。

Tips 使用选框工具时，按住Shift键可画出正圆形和正方形。

① 新建图层：按快捷键M或在工具箱中选择选框工具（位置参见图1-16），在图层面板新建一个图层，点选椭圆选框工具，在画面中拖拽出一个椭圆并执行右键描边，将新建图层命名为杯口（图2-4）。

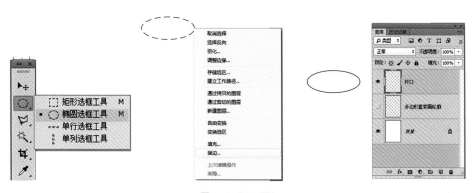

图2-4 杯口描边

② 使用同样的方法依次新建图层并描边，图层分别为杯身层、杯杆层、杯座层、红酒层，将杯口层复制并缩小作为杯口厚度，将杯座层复制并下移作为杯座厚度（图2-5）。使用橡皮擦擦除不需要的线条后合并所有图层，完成高脚杯轮廓的绘制（图2-6）。

图2-5 分层描边

图2-6 合层修线

Tips 配合一些快捷键来使用选框工具会更加得心应手。选择选框工具，做出第一个选区之后，再次绘制选区时按Shift键可以加选区，按Alt键可以减选区。同样地，套索工具也可以配合Shift键和Alt键进行加、减选区的扩展。

（3）钢笔工具法

钢笔工具（位置参见图1-16）是Photoshop中功能强大的绘制工具。钢笔工具属于矢量绘图工具，其优点是可以勾画平滑的曲线，在缩放或者变形之后仍能保持平滑效果。钢笔工具画出来的矢量图形称为路径，路径绘制完成后还可再进行编辑。

钢笔工具画出来的路径是矢量的，且允许是不封闭的开放状，如果把起点与终点重合绘制就可以得到封闭的路径。Photoshop钢笔工具可用于绘制具有高精度的图像，绘制出的路径带有锚点和滑竿，通过拖拽锚点与控制手柄可以将绘制的曲线进行精细调节（图2-7）。

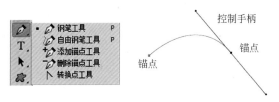

图2-7　钢笔工具及其使用

> **Tips**
> 在使用钢笔工具绘制路径时，配合快捷键进行操作会方便许多，按Shift键可移动锚点位置并拖动控制手柄长短以控制曲率，按Alt键可打断控制手柄，进行更精细的曲率调整。

具体绘制步骤如下。

① 新建图层，按快捷键P或在工具箱中选择钢笔工具，在画布中快速绘制一个闭合路径（图2-8）。

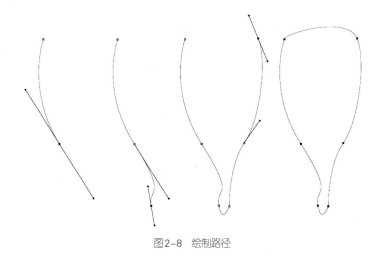

图2-8　绘制路径

② 在钢笔工具模式下，按键盘上的Ctrl键点击路径或锚点，可调出相关锚点的控制手柄，按Ctrl键拖拽锚点可挪动锚点位置，按Alt键可切换为转换点工具，对手柄进行精细调节。配合快捷键调整出需要的高脚杯形状（图2-9）。

③ 使用同样的方法绘制杯口与红酒轮廓（图2-10）。

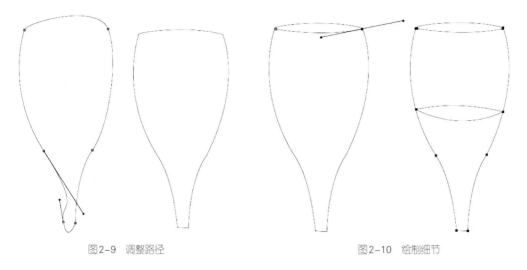

图2-9 调整路径　　　　　　图2-10 绘制细节

④ 执行菜单栏"窗口">"路径"，调出路径面板，在路径层点击鼠标右键，在弹出菜单中选择描边路径，工具选择为画笔，点击确定，可将绘制的路径描边成线稿（图2-11）。

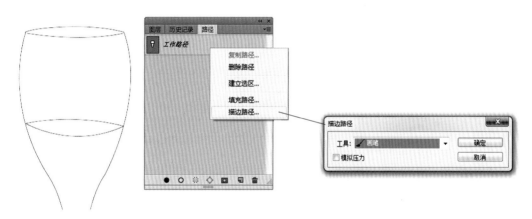

图2-11 描边路径

应当注意的是，描边路径工具选择画笔时，所生成的线条粗细、颜色使用的都是画笔工具的参数设置，因此应当提前设置好画笔工具参数，此处画笔工具的设置为大小为4像素的硬边圆笔头。

（4）手绘法

手绘法即直接使用手绘笔和手绘板进行绘制的方法，相对以上几种方法，手绘法更为自由，但由于高脚杯的对称性，手绘法对绘画的准确度要求也更高一些。

2.1.3 绘制高脚杯

（1）起稿定型

① 在A4画布上新建图层，命名为线稿层，选择画笔工具中的柔边圆笔刷，设置笔刷大小为23像素（注意点选不透明度和流量的压力控制按钮），使用黑色起稿，大体勾勒出高脚杯的

轮廓（图2-12）。由于高脚杯的透明度较高，此处轮廓只是作为位置参考，不做细致刻画。

> **Tips**
>
> 绘制线稿时会反复切换画笔工具和橡皮擦工具，此时使用快捷键会方便许多。画笔工具的快捷键是B，橡皮擦工具的快捷键是E。

②　在线稿层之上新建图层，命名为底色层。将笔刷大小调整到419像素，选择浅灰色（R：200，G：198，B：203）快速铺设基础色，在明暗交界线位置着重描绘，并使用亮色（R：242，G：242，B：242）简单标注高光的位置和形状（图2-13）。

图2-12　绘制线稿

图2-13　铺设底色

> **Tips**
>
> 铺设颜色以及塑造时都需要不断变换笔刷大小，可以使用键盘的"{"和"}"进行调整，也可以使用手绘笔按钮中的鼠标右键选项快速调出笔刷设置面板进行精确调节。

③　调整笔刷尺寸为65像素，画出杯中红酒的颜色（深红R：79，G：49，B：51；亮红R：203，G：35，B：35），此处描绘的是红色（深红R：217，G：33，B：35）杯柄和黑色（深红R：82，G：82，B：82）杯座的高脚杯，将基本颜色一一铺设（图2-14）。

④　在底色层上方新建两个图层，分别命名为高光层和红酒层。使用橡皮擦工具擦除线稿杂边和颜色溢出轮廓的部分（图2-15）。至此主要分层和基础颜色均已完成，在之后的绘制过程中切记颜色内容与图层的关系。

图2-14 铺固有色

图2-15 擦除溢出

（2）基础塑造

① 选择油漆桶工具，填充背景层颜色为灰色（R：205，G：204，B：209），将高脚杯杯沿的重色加强，明确透明玻璃部分的高光和反光（图2-16）。

② 本步骤依然将精力放在透明玻璃部分，首先要画出杯口背面的颜色，增加其透明感；其次将杯沿高光简单标注，增强杯口的立体感；再次简单刻画两个最强高光与杯体两侧的反光形状；最后增加杯子中间的微弱反光（图2-17）。

图2-16 杯沿与高光

图2-17 高光与反光

③ 刻画红酒部分的体积感，要特别注意红酒边缘的微妙反光与红酒在杯中的复杂转折（图2-18）。

图2-18　刻画红酒

Tips

在塑造时，需要经常拾取中间色作为过渡。在画笔工具模式下，按键盘Alt键可快速切换到颜色拾取器，点选需要的颜色后松开Alt键，可直接使用拾取的颜色绘制。

④ 刻画杯柄和杯座（图2-19）。

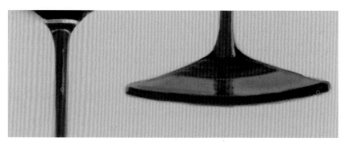

图2-19　刻画细节

⑤ 绘制桌面：首先在背景层上方新建图层并命名为桌面层，然后使用选框工具框选出桌面的范围，填充深灰色（R：153，G：153，B：153），最后使用橡皮擦工具将上方边线擦虚，并使用模糊工具进行模糊（图2-20）。

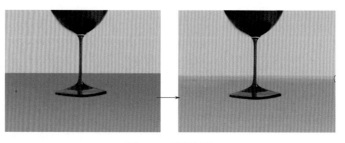

图2-20　填充桌面

⑥ 调整对称性：首先调出一根参考线（勾选菜单栏"视图"＞"标尺"选项）放在高脚杯中间位置，使用Ctrl+T并点选变形网格直接拖拽调整。需注意，由于底色与红酒、高光各有分层，调整位置时需要切换到各个图层进行精确调整（图2-21）。

图2-21 调整对称

 标尺参考线并不能在打印时显示，可以勾选或取消勾选进行显示或隐藏。

（3）精细刻画

① 分别对杯沿、反光和高光再次刻画（图2-22）。

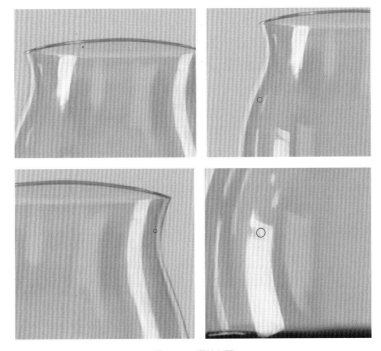

图2-22 细节刻画

② 在高光层下方新建图层并命名为高光层2，在这一图层绘制高脚杯反光。使用多边形套索工具框选出杯沿左侧反光的形状，填充亮灰色（R：195，G：193，B：197）。选择橡皮擦工具（设置不透明度为100%，流量为5%，注意需点选压力控制按钮），将所填充的反光硬边擦虚，使其更好地融合到图像中（图2-23）。

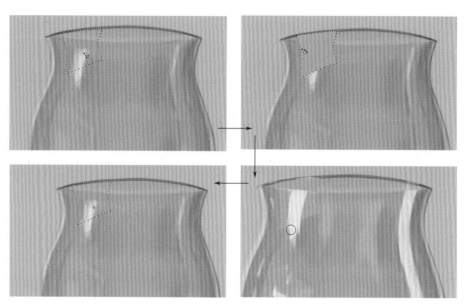

图2-23 绘制反光

③ 使用同样的方法绘制高脚杯右侧反光，由于右侧反光较长，在反光与红酒重叠部位需反复使用橡皮擦工具处理，然后使用选框工具框选红酒部位反光，在选区内点击鼠标右键点选"通过拷贝的图层"将局部反光复制，执行菜单栏"编辑"＞"自由变换"选项，将复制的选区移动并摆放在左侧合适部位。为防止复制感太强，可以使用网格变形对复制选区进行形状调节（图2-24）。

Tips

工具箱中的移动工具可以移动图像，而键盘的上下左右方向键则可以精细调整位置。

图2-24 使用网格变形绘制反光

④ 对红酒部位进行精细刻画，尤其要注意处理边缘细节（图2-25）。

图2-25　红酒细节

⑤ 绘制高脚杯杯柄。首先使用多边形套索工具将杯柄部位框选，目的是为修正手绘时杯柄两侧不够直的问题，在选区内绘制可避免颜色溢出。同时在选区内点击鼠标右键选择反选，可用橡皮擦工具擦除多余的颜色。在绘制杯柄高光时使用的是框选填充（R：236，G：235，B：236），然后使用橡皮擦修边的方法（图2-26）。

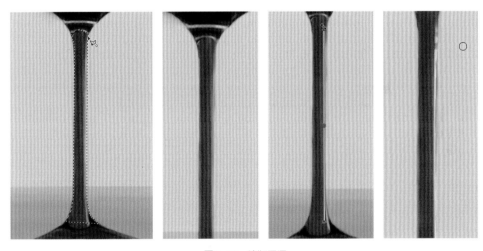

图2-26　绘制杯柄

⑥ 绘制杯座（图2-27）。

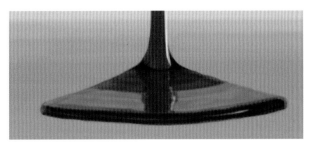

图2-27　绘制杯座

⑦ 将高光层2重命名为反光层。使用钢笔工具绘制反光与高光并分别处理，此时应注意反光与高光的分层和层级顺序（图2-28）。

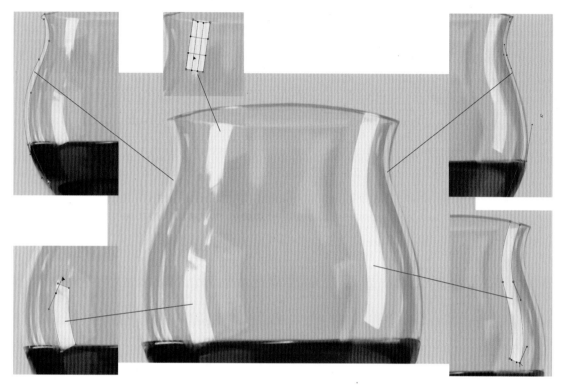

图2-28 反光与高光

⑧ 在图层面板点击"创新建组"按钮，新建分组并命名为组1，将高光层、反光层、红酒层和底色层一一拖动到组1中。复制组1并将组1合并为一个图层，命名为倒影层，按Ctrl+T进行自由变换，将倒影层放到组1下面的合适位置，调整形状使其更加合理。降低倒影层的不透明度至78%，完成高脚杯的绘制（图2-29、图2-30）。

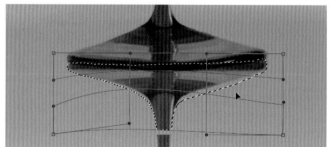

图2-29 绘制倒影

图2-30 绘制完成

2.2　陶罐的绘制

2.2.1　绘前分析：质感与笔刷

陶罐的形体刻画符合"三大面、五调子"基本规律，因而塑造起来相对容易，其难点在于陶罐的细节刻画，将其被使用过的痕迹和破损部位加以描绘才能使其具备真实感。另外，陶器与瓷器、玻璃器皿不同，其高光、反光都不锐利，表面颗粒感较强。有些做工粗糙的陶罐会显得并不完全对称，传统的陶罐是用陶土在转盘上手工制作的，因而其纹路具有横向感，这都是陶罐的特点。

本案例使用的工具主要还是Photoshop CC自带的柔边圆笔刷（需点选压力控制按钮），另外使用了喷枪柔边低密度粒状笔刷，这一笔刷可以绘制出具有颗粒感的效果，适合模拟陶罐表面质感（图2-31）。

图2-31　质感笔刷

2.2.2　绘制陶罐

（1）起稿定型

① 新建画布，设置长和宽各200毫米、分辨率为300像素、颜色模式为RGB颜色。新建图层并命名为线稿层，选择画笔工具中的柔边圆笔刷，设置笔刷大小为20像素，不透明度为100%，流量为20%，使用黑色起稿绘制陶罐的线稿。由于线稿仅供上色参考，可以将线稿绘制得丰富一些，画出基本的立体感（图2-32）。

图2-32　绘制线稿

② 在线稿层下方新建图层，命名为底色层，在底色层填充陶罐的固有色（R：229、G：143、B：91）。使用橡皮擦工具擦除线稿范围之外的颜色，并在背景层填充灰色（R：217、G：215、B：214）（图2-33）。

（2）基础塑造

① 选择工具箱中的加深工具，使用大笔刷快速将陶罐暗部画出，绘制出基本的受光面和背光面（图2-34）。

图2-33 铺设基础色

图2-34 画出暗部

② 选择较深的褐色（R：114、G：61、B：37），加强罐口和罐体最重的部位，增强陶罐的体积感。然后在工具箱选择模糊工具（强度设置为10%），使用大笔刷模糊减弱笔触感，增强颜色之间的融合过渡（图2-35）。

③ 在底色层下方新建图层并命名为投影层，使用大笔刷绘制深灰色（R：105、G：89、B：73）投影，注意投影的虚实变化（图2-36）。

图2-35 加强重色

图2-36 绘制投影

④ 从陶罐左侧的罐耳开始进行第一遍刻画。此时使用的工具及功能主要有：用柔边圆笔刷塑造、橡皮擦工具修边、按Alt键快速拾取颜色过渡。除了绘制罐耳的体积感外，还要将灰白色杂色标出，作为继续绘制时的细节参考（图2-37）。

 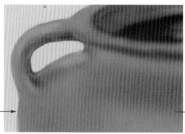 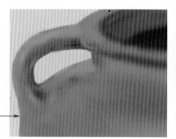

图2-37 局部塑造一

图2-38 局部塑造二

图2-39 局部塑造三

⑤ 使用同样的方法对罐口和右侧罐耳进行塑造，加强基础的体积感，同时用灰白色标注出杂色的位置（图2-38）。

⑥ 塑造罐体：在塑造罐体时，用笔可沿着罐子的纹路方向进行横向弧线绘制，在第一遍塑造刻画完成后，可使用模糊工具对罐子暗部进行模糊，可造成画面亮部实、暗部虚的效果。此时，陶罐整体已经初步具备了体积感，为下一步精细刻画打下了基础（图2-39）。

（3）精细刻画

① 精细刻画依然选择从罐子左侧开始，至罐口，然后刻画右侧罐耳。此处除了适当深入刻画之外，主要在画面黑白灰布局上做调整，加深罐子上部的重色，增强罐子的重量感，同时尝试增加细节，如罐口的裂痕与杂色、双耳的破损等（图2-40）。

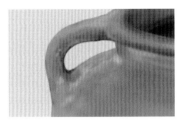  

图2-40　精细刻画一

② 继续深入刻画罐体：罐体的精细刻画分为两个步骤，首先是完善底色，加重明暗交界线，增加其重量感，并在罐体局部绘制灰色杂色，杂色和破损共同塑造了陶罐使用过的痕迹，此时依然使用弧形横向用笔（图2-41）。其次是增添陶罐细节，在底色层之上新建图层并命名为细节层，在这一图层绘制陶罐细节。经过长时间使用的陶罐必然有破损和污渍，此处先选择破损处画灰色（R：139、G：107、B：93）污渍，然后选择亮色（R：221、G：180、B：153）作为破损处颜色（图2-42）。

图2-41　精细刻画二

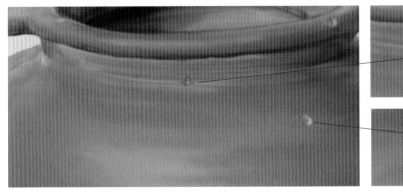

图2-42　细节添加一

Chapter 1
Chapter 2
Chapter 3
Chapter 4
Chapter 5
Chapter 6
Chapter 7

③ 选择适当的位置增添必要的细节，继续模糊暗部，加强虚实对比（图2-43）。

图2-43　细节添加二

④ 在底色层之上新建图层并命名为质感层，选择喷枪柔边低密度粒状笔刷，在亮部选择固有色的亮色（R：241、G：190、B：150）绘制颗粒细节，将质感层不透明度调整至50%，作为陶罐最终的质感细节。

选择背景图层，执行菜单栏"图像"＞"调整"＞"亮度/对比度"，将亮度降低至-12，继续模糊陶罐暗部和投影，完成陶罐的绘制（图2-44）。

图2-44　完成绘制

2.3 锈迹斑驳的水龙头绘制

常见的水龙头材质有铸铁材质、铜质和不锈钢材质。为更好地描绘锈迹，本案例选择的是旧式铸铁材质的水龙头。这种水龙头的制作工艺简单、表面粗糙、容易生锈，在进行写实绘画时更具有韵味和特点。

从制作技艺上看，铸铁水龙头使用磨具翻砂工艺，因此表面有很明显的颗粒感，中间部位常使用铜质零部件以加强其使用寿命。另外，铸铁水龙头边角的打磨常留下不规则的粗糙痕迹，这都是在绘画时需要考虑的因素。

通过对铸铁水龙头的分析，我们可以对将要绘制的水龙头有大体判断：水龙头本身的塑造并不复杂，细节描绘甚至需要专门留出不规则细节以突出其真实感，表面有翻砂颗粒痕迹和锈迹。

2.3.1 绘前分析：绘画思路

本案例所要绘制的是"锈迹斑驳"的"水龙头"，可以选择将锈迹在绘制时一起画出，也可以选择画完水龙头后添加锈迹。为更好地展示Photoshop绘画的优势与特点，本次绘制的方法是先完成一个普通无锈的水龙头，然后使用图层合成功能快速呈现腐蚀感和锈迹。

笔刷方面，使用的是Photoshop CC自带的柔边圆笔刷和硬边圆笔刷（需点选压力控制按钮），另外使用了喷枪硬边低密度粒状笔刷绘制表层质感（位置参见图2-31）。

2.3.2 绘制水龙头

（1）起稿定型

① 新建画布，设置长和宽各200毫米、分辨率为300像素、颜色模式为RGB颜色。在图层面板新建图层并命名为线稿层，选择画笔工具中的柔边圆笔刷，设置笔刷大小为18像素，不透明度为100%，流量为20%，使用黑色起稿绘制水龙头的线稿（图2-45）。

图2-45 绘制线稿

② 选择背景层，填充深灰色（R：102、G：102、B：101）。在背景层上新建图层并命名为颜色层，在颜色层进行水龙头的基础绘制。此时设置画笔为不透明度100%、流量为10%。水龙头中间部位为铜质（R：200、G：179、B：98），上下为铸铁材质（R：150、G：149、B：151），上色时应加以区分（图2-46）。

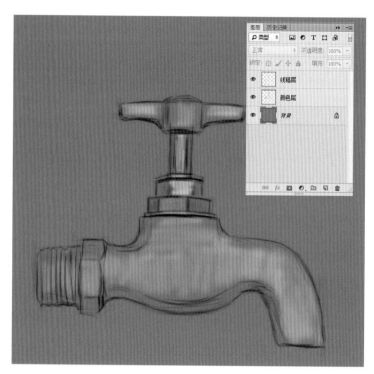

图2-46 铺设底色

（2）基础塑造

① 从上至下逐步进行绘制。本步骤的主要目的是区分水龙头的受光和侧光部分，将各部分体面略作区分，为后面的塑造打下基础。另外，基础塑造的几个阶段都具有修形的要求，因此需要在画笔和橡皮擦工具之间来回切换，上色的同时逐步调整形的细节（图2-47）。

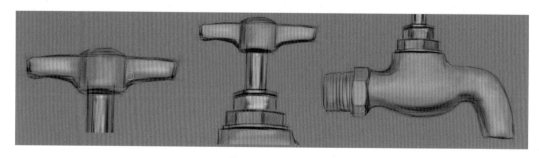

图2-47 铺色修形

② 将底色层修改为浅灰色（R：183、G：183、B：183）以便观察，画出手柄部位的各个体面关系（图2-48）。

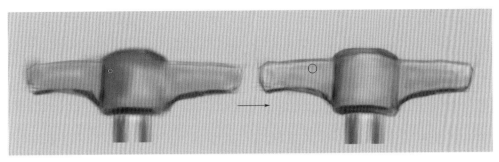

图2-48　手柄体面区分

③ 本步骤主要是绘制水龙头中间的铜质部分。这一部分的结构是整个画面最为复杂的地方，有圆柱形和多边形的穿插关系。在绘制上半部分圆柱形区域时，为避免手绘错误，使用工具箱中的矩形选框工具框选选区，在绘画时可以保证边线竖直且画不到选区外面。

下半部分依次由窄多边形、圆柱形、宽多边形、圆柱形组成，方、圆部件的体面转折不同绘制方法也不同，基本原则是顺着物体结构进行塑造（图2-49）。

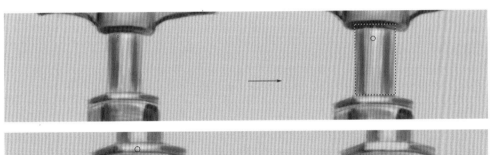

图2-49　铜质部件塑造

④ 水龙头下半部分由左侧的螺纹和右侧的主体部分组成。现阶段的主要任务是明确形、区分体面，因此本步骤将螺纹部分的形状进行明确，将主体部分体积感加强并作过渡（图2-50）。

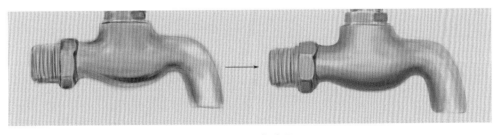

图2-50　形与体面

（3）深入塑造

① 选择中间铜质部位开始第二遍塑造。关闭线稿层，将精力全部放在颜色层的塑造上。

在颜色上和黑白灰关系上进行强化调整：提亮铜色，将各部位的反光一一画出，明确高光和每一零部件的明暗交界线（图2-51）。

图2-51 深入塑造

② 本步骤是对手柄部位的第二遍塑造，相对于第一次刻画，对轮廓线和边线的灰色面进行明确，提亮了亮部和高光（图2-52）。

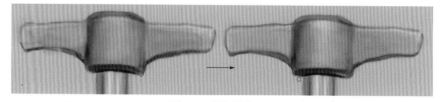

图2-52 深入塑造手柄

③ 对水龙头下半部分进行深入塑造（图2-53）。

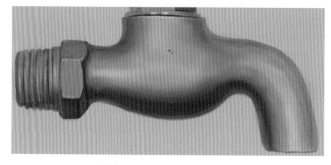

图2-53 深入塑造水龙头下部

④ 按照以上顺序再次进行深入刻画，尤其要注意对高光的描绘，这在一定程度上影响了水龙头的质感。同时，这也是在进行质感描绘之前的最后一次深入塑造（图2-54）。

图2-54　再次深入塑造

（4）质感刻画

本案例将质感刻画分成两个部分：一个是通过对细节的刻画来体现质感，如划痕、高光等；另一个就是对表面凹凸颗粒的模拟。这两部分共同构成了水龙头的质感体现。

① 在颜色层之上新建图层并命名为细节层，在细节层上进行刻画。在手柄部位添加大的隆起颗粒，亮部选择拾取手柄部位最亮的颜色，暗部选择使用手柄部位最重的颜色（图2-55）。

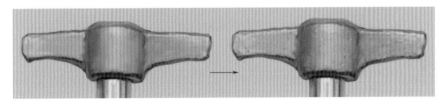

图2-55　表面细节添加一

② 对铜质部件的划痕和高光做进一步刻画（图2-56）。

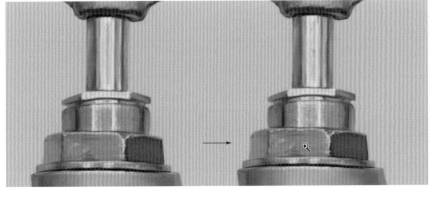

图2-56　表面细节添加二

③ 添加水龙头下半部分的大颗粒、表面划痕和细节高光（图2-57）。

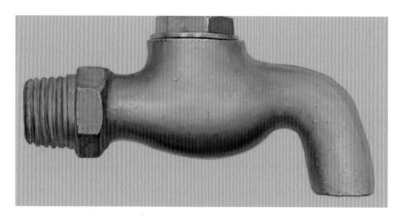

图2-57　表面细节添加三

④ 在细节层之上新建图层并命名为质感层，使用喷枪硬边低密度颗粒画笔绘制。拾取手柄部位最重的颜色，在手柄表面尤其是明暗交界线位置画深色颗粒，然后拾取最亮部位的颜色画亮色颗粒（图2-58）。

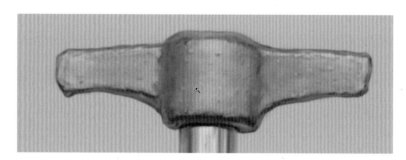

图2-58　颗粒质感绘制

⑤ 依次绘制水龙头表面颗粒，模拟翻砂质感（图2-59、图2-60）。

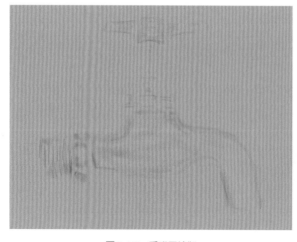

图2-59　质感层绘制

图2-60　水龙头绘制

⑥ 从作品的角度完善已经绘制好的水龙头，为其添加一些水滴。在颜色层下面新建图层并命名为水滴层，在水龙头的出水口画出水滴的底色——深灰色（R：77、G：77、B：74），然后绘制水滴的亮色（R：206、G：206、B：206），在添加细节反光和高光之后使用模糊工具对水滴暗部进行模糊和加深，完成水滴的绘制（图2-61）。

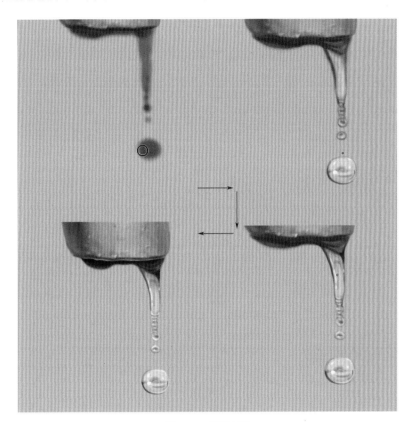

图2-61　绘制水滴

（5）锈迹合成

在完成上一阶段的绘制之后，进入锈迹添加的阶段。这一阶段的常规完成方式是新建图层并使用画笔工具绘制锈迹，本案例采取更为快捷的方式，即使用图层混合模式（位置参见图1-26）将锈迹素材与水龙头合成，完成锈迹斑驳的水龙头的最终绘制。

① 首先关闭线稿层、背景层和水滴层，将剩下的几个图层复制合并为新的图层，（盖印图层，即图2-62中的图层）新建图层组并命名为水龙头新，将上述几个图层放到图层组中关闭显示（图2-62）。

> **Tips**
>
> 本步骤使用的是盖印可见图层功能。盖印可见图层就是把所有图层拼合后的效果变成一个图层，但是保留了之前的所有图层，并没有真正地拼合图层，方便以后继续编辑个别图层。盖印可见图层的快捷键是Ctrl+Alt+Shift+E。

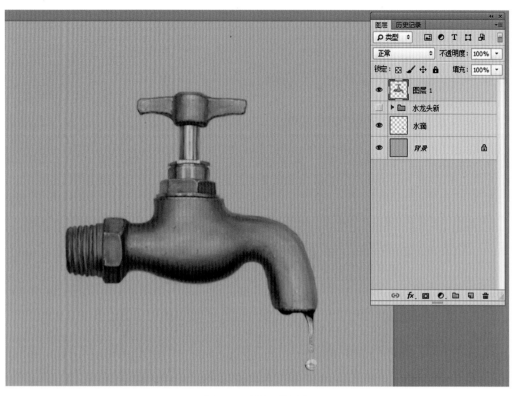

图2-62　盖印可见图层

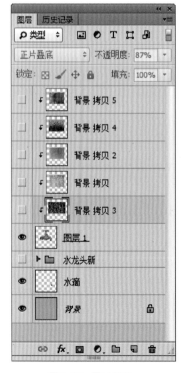

图2-63　图层合成

② 分别打开准备好的锈迹图片素材并一一复制到水龙头.psd文件中，放置在图层1之上。以其中一个素材图为例：点击素材图右键选择"创建剪贴蒙版"，将图层混合模式改为正片叠底（图2-63）。

💬 **Tips**

完成图像复制的方法有两种：一是使用工具箱中的移动工具直接将图像拖拽到文件中；二是在素材图的图层面板中点击鼠标右键选择复制图层，在弹出面板中将目标文档切换到将要复制的文件中（图2-64）。

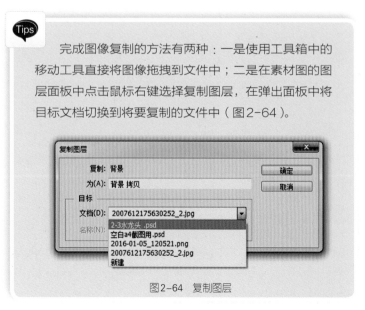

图2-64　复制图层

③ 通过单独打开每一层素材，可以得到不同的锈迹腐蚀效果（图2-65 ~图2-69 ）。

图2-65　完成图一

图2-66　完成图二

Chapter
1

Chapter
2

Chapter
3

Chapter
4

Chapter
5

Chapter
6

Chapter
7

图2-67　完成图三

图2-68　完成图四

图2-69　完成图五

 ## 2.4　一组写实静物的绘制

本案例讲述的是一个白瓷茶壶和一个橘子的组合绘制过程。从单个物体的绘制到组合静物的绘制符合"从简到繁、从少到多"的一般规律。组合静物的绘制需要考虑各个物体在画面中的主次关系，考虑到主体物在画面中的构图和塑造程度的对比关系，切忌用力平均。

2.4.1　绘前分析：绘画思路

本案例的物体包含作为主体物的茶壶和居于次要地位的橘子。以这两者作为案例素材，除了考虑到这是之前案例未曾包含的内容之外，主要还是为了练习不同质感的塑造。

本案例使用的都是Photoshop CC自带画笔，除常规笔刷外，还使用了水彩大溅滴笔刷来模拟橘子表皮的不规则褶皱。

2.4.2　绘制写实静物组

（1）起稿定型

① 新建画布，设置长和宽各300毫米、分辨率为300像素、颜色模式为RGB颜色。在图

Photoshop
写实绘画技法从入门到精通

层面板新建图层并命名为线稿层，选择画笔工具中的柔边圆笔刷，设置笔刷大小为20像素，不透明度为100%，流量为20%，使用黑色起稿绘制线稿（图2-70）。

图2-70　绘制线稿

② 新建背景层，填充深棕色（R：29、G：16、B：6）。在背景层上新建图层并命名为桌面，使用矩形选框工具在桌面层框选并填充颜色（R：111、G：86、B：59）。使用模糊工具将桌面边线进行模糊，简单绘制茶壶和橘子的投影（图2-71）。

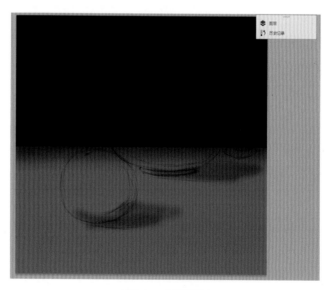

图2-71　背景底色

③ 在图层面板新建两个图层并分别命名为橘子和茶壶。绘制橘子（R：255、G：156、B：9）和茶壶（R：186、G：191、B：187）的底色使用的是先用钢笔工具勾线，再建立选区填充颜色的方法。这种方法的优点是颜色填充饱满，若未来修改背景颜色时不会对物体颜色造成影响；缺点是边线较实，在后期塑造时需要逐步将边线融合到画面中。

壶钮并没有使用钢笔工具勾勒，而是使用了更简单的椭圆选框工具和矩形选框工具，这主要是为了提高填色效率（图2-72）。

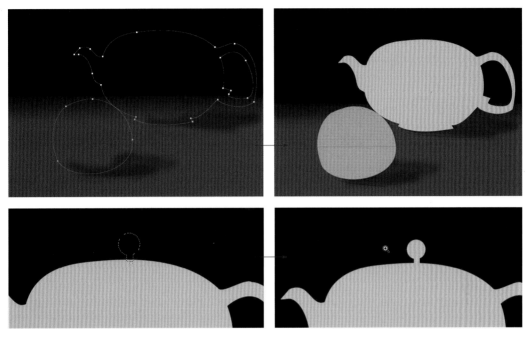

图2-72 填充底色

在使用椭圆选框工具时，可按Shift键画正圆。用选框工具做选区时，可按Shift键加选区，按Alt键减选区。

（2）基础塑造

① 先从主体物茶壶开始塑造：使用工具箱中的加深工具将壶身的受光面和侧光面做简单区分，然后使用画笔工具对壶的亮色（R：205、G：210、B：205）进行提亮（图2-73）。

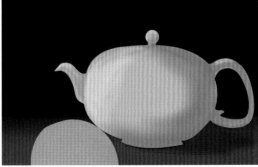

图2-73 区分明暗

② 从茶壶局部开始，进行基本的修形、处理边线和体积塑造。这一步骤的主要方法是使用颜色拾取器（在画笔工具模式下按Alt键）拾取颜色进行过渡和绘制，使用橡皮擦工具擦除溢出颜色并修理边线（图2-74）。

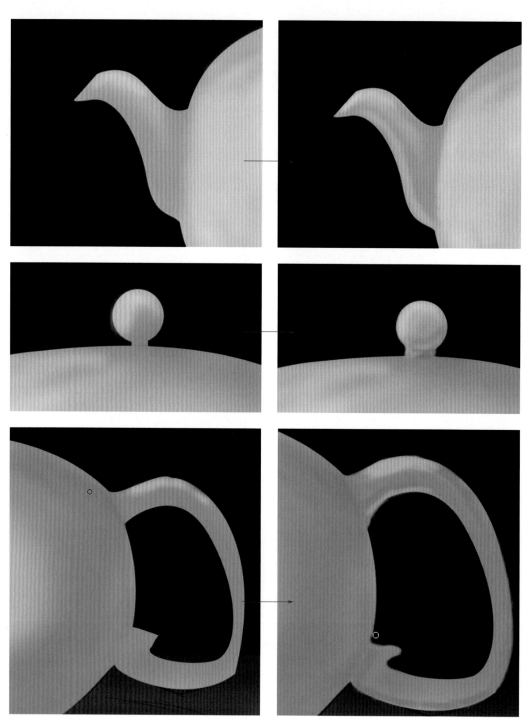

图2-74　局部塑造

③ 对壶体做同样的塑造与处理（图2-75）。

图2-75 基础塑造一

当分层较多时，可使用移动工具点击右键，在弹出菜单中选择第1个，可快速切换到当前位置图层。

④ 使用同样的方法快速区分橘子的体面关系并对边线做处理（图2-76）。

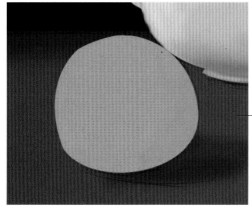 

图2-76 基础塑造二

(3) 深入塑造

① 在图层面板新建图层组并命名为茶壶，将茶壶图层拖拽到茶壶组中。新建图层并命名为高光与反光，在高光与反光图层绘制茶壶的高光和反光（图2-77）。

图2-77 塑造茶壶

> **Tips**
> 用快捷键新建图层组的方法为，选择若干图层后按Ctrl+G快速将当前所选图层新建到一个图层组。

② 本步骤主要是做茶壶的高光，流程为使用矩形选框工具建立一个选区，填充高光色（R：249、G：246、B：231）之后，使用自由变换路径（Ctrl+T）调整形状，最后使用橡皮擦工具擦出形状并进行虚化（图2-78）。

> **Tips**
> 在图层面板逐渐出现较多的分层和分组的情况下，绘制时切记选择正确的图层。

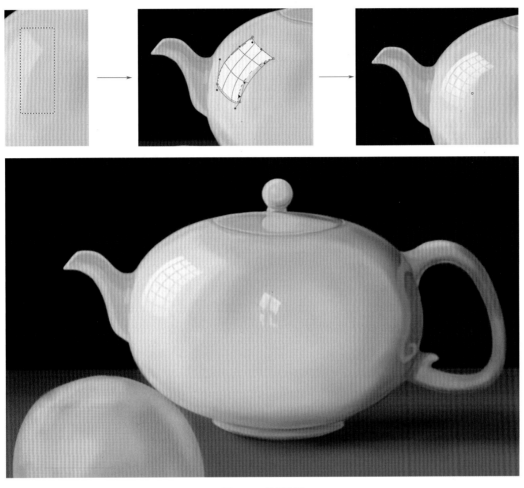

图2-78　绘制高光

③ 同样为橘子新建分组并新建质感层、细节层和投影层，对橘子进行塑造（图2-79）。

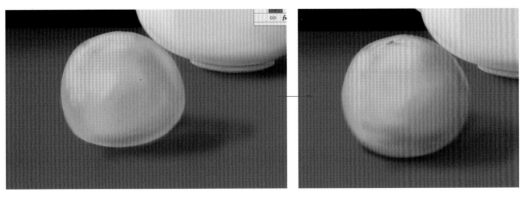

图2-79　塑造橘子

④ 精细刻画茶壶。白瓷器皿的高光相对锐利，形状明确，反光很多，细节微妙复杂，只有刻画好高光和反光才能画出白瓷茶壶的质感，本步骤对茶壶做精细刻画，同时要注意边缘线的刻画（图2-80、图2-81）。

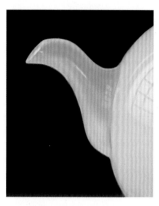  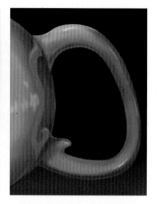

图2-80 细节刻画

图2-81 精细刻画

图2-82 体积塑造

⑤ 回到橘子颜色层，再次对橘子进行体积塑造（图2-82）。

⑥ 使用喷枪低密度粒状笔刷在橘子的质感层绘制细小颗粒，点击鼠标右键创建剪贴蒙版。使用水彩大溅滴笔刷在细节层绘制橘皮效果，点击鼠标右键创建剪贴蒙版。将细节层和质感层的图层混合模式切换为正片叠底，对细节层的亮部橘子皮进行刻画（图2-83）。

图2-83 塑造质感

⑦ 隐藏其他物体和图层，对橘子使用盖印可见图层功能，并将新生成的图层命名为反光，将反光层处理成橘子在茶壶上的倒影（图2-84）。

图2-84 处理倒影

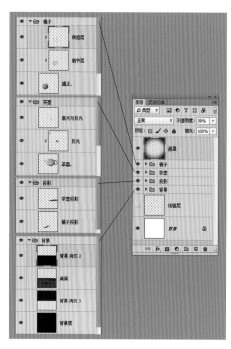

⑧ 新建两个图层并命名为茶壶投影、橘子投影，分别为茶壶和橘子绘制投影。将两个投影层合并成投影组，图层混合模式切换为深色。

⑨ 打开图片素材，调整位置、大小和颜色，作为桌面和墙面，其中桌面层的图层混合模式为线性减淡。

⑩ 最后，在图层面板最上层新建遮罩层，为画面添加一个遮罩（图2-85、图2-86）。

实战练习

1.任选生活中的常见器皿进行绘制，如酒瓶、花瓶、紫砂茶壶、文具、摆件等，尝试通过图层合成实现多种画面效果。

2.尝试绘制组合静物，如台灯与杯子、一套茶具、瓷器与水果的组合等。

图2-85　图层构成

图2-86　绘制完成

第3章

场景的绘制

　　场景与角色是构成一幅作品的基本要素。场景不仅可以作为角色的陪衬，还可以成为烘托作品气氛的关键所在。好的场景无疑也是独立的美术作品。在数字绘画中，场景作品是必不可少的绘制内容。场景绘制要求一定的创意思维和绘画基础，此外，软件技术的发展使得在场景绘制时有许多便捷而高效的技法。本章依手法的不同分别对两个案例进行解析。

3.1　场景绘制的构思

　　场景绘制首先要符合作品设定的情境，即时间、地点、情节三要素。不论是作为独立的场景作品，还是作为电影、游戏、动漫的情节表达，不同的时间决定了场景设计中的光线和色彩气氛，不同的地点决定了场景设计内容的合理性，不同的情节决定了场景设计作品立意表达和情绪渲染的准确性。

　　不同的作者在进行数字绘画时有不同的习惯，常见的场景绘制方法有直接画法和间接画法，本章即对两种方法分别举例说明。另外，在进行数字绘画尤其是场景绘画时，素材拼接借用也是较为常见的方式，本章案例也会有所涉及。

3.2　实例分析：夕阳下的船

　　本节以夕阳下海面上的一条小船为例，使用手绘加素材的方法完成。其中作为主体物的船使用的是手绘技法逐步分层叠加绘制的方式，天和海面的底色使用的是线性填充的方式，而最终完成的背景则全部由素材处理之后拼接而成。素材使用是数字绘画时的常用手段，不妨作为提高绘画效率的方法。

3.2.1　绘前分析：绘制方法

本案例使用的是起稿后使用有彩色直接上色的方法，可以称为直接画法。这也是数字绘画最为常用的方式之一。

3.2.2　绘制《夕阳下的船》

（1）起稿定型

① 新建A4画布，并执行菜单栏"图像" > "图像旋转" > "90度"，将画布横向摆放（图3-1）。

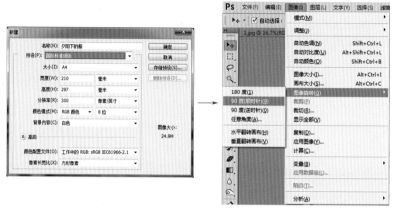

图3-1　画布新建

② 在图层面板新建线稿层，在底色层填充浅灰色（R：241、G：241、B：241），选择画笔工具中的柔边圆笔刷，设置笔刷大小为20像素，不透明度为100%，流量为10%，在线稿层使用黑色起稿绘制线稿（图3-2）。

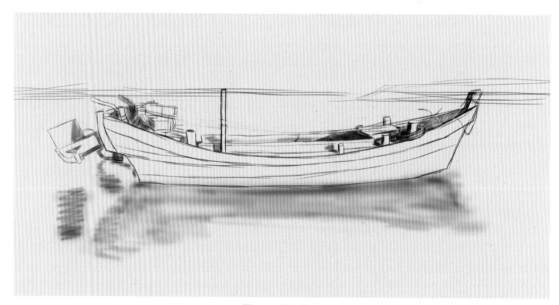

图3-2　绘制线稿

③ 新建两个图层，分别命名为海面底色和天空底色，先使用选框工具框选出各自的范围，然后使用线性填充工具分别填充海面和天空的基础颜色（图3-3）。

图3-3　线性填充

④ 在图层面板新建两个图层，分别命名为船-底色层、倒影和远山层，快速确定位置，铺设船与倒影、远山的基础色（图3-4、图3-5）。

图3-4　图层分布

图3-5　底色绘制

（2）基础塑造

① 将船-底色层重命名为船1层，在船1层之上新建图层并命名为船2层，在船2层进行第一遍基础塑造。本步骤的主要目的是在进行上色的同时，区分船体各部位的结构关系，尤其是船表面木板结构的衔接和穿插，以及船上物品的穿插关系（图3-6）。

图3-6　基础塑造一

② 在船2层上新建图层并命名为船3，在船3层进行第二遍基础塑造。本步骤是在上一步骤的基础上进行的塑造，在塑造的同时还要适当刻画物体表面的斑驳感（图3-7）。

图3-7 基础塑造二

（3）深入刻画

① 在船3层上新建图层并命名为船4，在船4层进行第一遍深入刻画。深入刻画阶段需要很大的耐心，完善局部的体积感、反光等细节，同时尝试深入刻画船体木板表面的破损等细节。船左侧的发动机结构复杂，各部位质感不同，需细致刻画（图3-8、图3-9）。

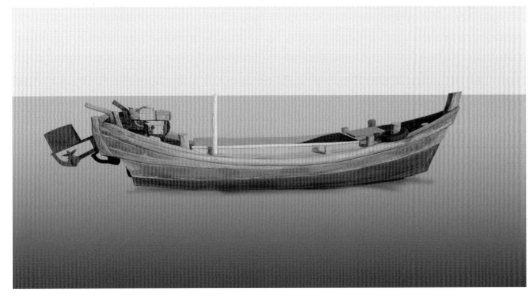

图3-8 深入刻画一

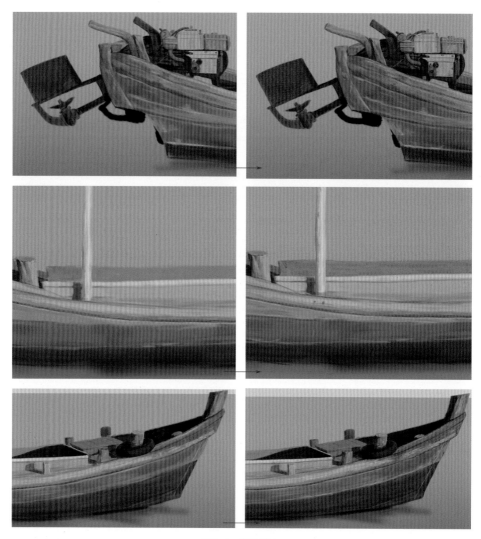

图3-9　细节对比

② 在船4层上新建图层并命名为船5，在船5层进行第二遍深入刻画。第二遍深入刻画主
要是添加了船上的绳子细节（图3-10 ~图3-12）。

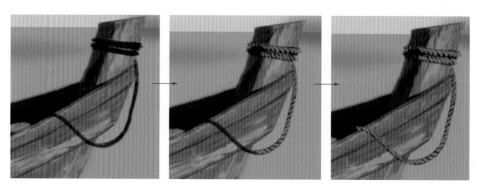

图3-10　绳索绘制

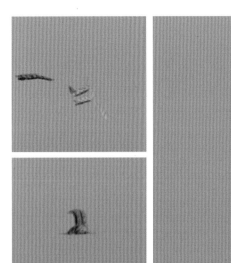
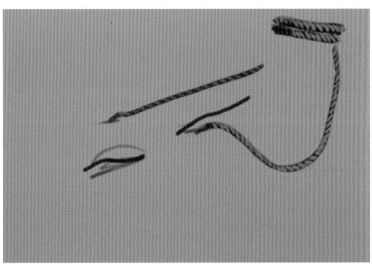

图3-11　细节刻画

图3-12　深入刻画二

（4）质感刻画

在船5层上新建图层并命名为船6层，在船6层进行刻画阶段的最后一个步骤即质感刻画。质感刻画使用的是内置笔刷的喷枪硬边低密度粒状笔刷，具体方法为拾取每一部位颜色的重色在亮部简单绘制，形成颗粒状表面，增加其真实感和质感（图3-13）。

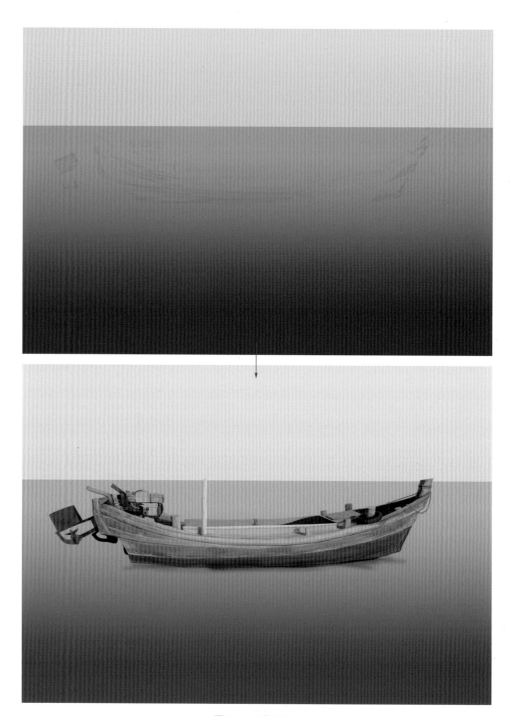

图3-13 质感刻画

（5）素材合成

① 关闭其他图层，只打开船1至船6图层，按Ctrl+Alt+Shift+E执行盖印可见图层，将盖印出的图层放到船1层的下方，命名为倒影层。将倒影层的船调整成合适的形状（图3-14）。

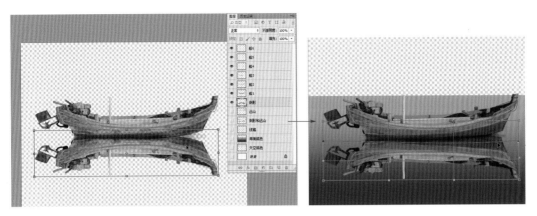

图3-14 制作倒影一

对调整好的倒影依次执行模糊（"滤镜"＞"模糊"＞"动感模糊"，角度为-4、距离为43像素）、降低亮度（"图像"＞"调整"＞"亮度/对比度"，设置亮度为-32）操作，完成倒影的制作（图3-15）。

图3-15 制作倒影二

② 在本书配套的案例源文件中找到"第3章素材图（8）.jpg"，将其导入本案例文件中，命名为远山层，擦除其他部位，只保留远处的山和建筑物，作为本案例的远景，然后通过降低图层透明度、画笔模糊等方式完成远山层的调整（图3-16）。

图3-16　调整远山

　　③ 截取源文件"第3章素材图（8）.jpg"的海面部分，放置到合适的位置，作为本案例的海面。执行菜单栏"图像"＞"调整"＞"色彩平衡"（色阶从左至右分别为+4、+4、+33）进行色调调整，稍微降低图像的明度，使其与全图颜色相匹配（图3-17）。

图3-17　海面素材

　　④ 将投影层复制一遍，放置在海面层的下方。执行菜单栏"滤镜"＞"扭曲"＞"波浪"（点击"随机化"直至效果满意）对投影层进行波浪模拟，将海面图层的图层合成模式切换为柔光，完成海面倒影的制作（图3-18）。

图3-18 倒影完成

（6）效果合成

① 执行盖印可见图层，合成一个新的图层，对新生成的图层进行调整，完成本案例的绘制。将其他图层合并到一个组中，关闭显示作为备份。

② 执行"图像" > "调整" > "照片滤镜"，使用加温滤镜调节不同浓度，可以得到不同的效果。除了使用照片滤镜外，还有许多方法例如色彩平衡调整、图层填色合成等可以调整画面效果，多加尝试有助于对工具的熟悉掌握（图3-19、图3-20）。

图3-19 效果图一

图3-20　效果图二

 3.3　实例分析：小巷

设置本案例的主要目的是展示场景绘制的不同方法，案例设定是夕阳下被仰视的小巷。

3.3.1　绘前分析：绘制方法

本案例的绘制方式与前一案例不同，它使用的是在数字绘画尤其是场景绘制时，常用的先画素描稿，调色后再用色彩深入的方式。为与其他案例进行区分，在塑造时使用大流量画笔（笔刷不透明度为100%、流量为30% ～ 50%不等）进行绘制，在素描稿绘制阶段，使用的也是硬边圆笔刷（需开启不透明度和流量的压力控制按钮）。

这种绘制方式的优点有两方面，一方面是完成素描稿之后再调色可使画面色调统一，另一方面是颜色饱满、画面冲击力强。

3.3.2　绘制《小巷》

（1）素描色稿

① 新建A4画布，新建图层并命名为底色层，在底色层填充深灰色（R：104、G：104、B：

104）。在底色层上新建线稿层，选择画笔工具中的硬边圆笔刷，设置笔刷大小为20像素，不透明度为100%，流量为10%，在线稿层使用黑色起稿绘制线稿（图3-21）。

图3-21　绘制线稿

　　② 在线稿层上新建图层并命名为素描色稿一，将笔刷流量调至40%，使用纯黑色在这一图层快速绘制第一遍色稿。本步骤的主要目的是快速确定构图、气氛和光线（图3-22）。

Chapter
1
Chapter
2
Chapter
3
Chapter
4
Chapter
5
Chapter
6
Chapter
7

图3-22　素描色稿一

Tips

为绘制方便，可临时将图像模式切换为灰度，待上色时再切换回RGB颜色模式。

③ 新建素描色稿二图层，在这一图层对素描稿进行简单塑造。这一步骤的目的首先是强化气氛和光感，其次是将大的局部物体形状简单刻画（图3-23）。

图3-23　素描色稿二

Chapter 1

Chapter 2

Chapter 3

Chapter 4

Chapter 5

Chapter 6

Chapter 7

④ 新建素描色稿三图层。本步骤除了拾取一些灰色进行细部调整以外，
对门窗、瓦片、木板的形状开始做简单的位置和形状标示（图3-24）。

图3-24　素描色稿三

⑤ 新建素描色稿四图层。本步骤是上色前的最后一遍素描稿，在尽量深入的前提下务必保持整体画面的气氛（图3-25）。

图3-25　素描色稿四

（2）上色塑造

① 上色的第一步是把前景和背景分开，即把天空和建筑物拆分成两个图层，这里使用的是先用魔棒工具点选天空建立选区，然后用套索工具精选选区的方式。在选区内单击右键将天空剪切为单独的图层，在天空层使用线性填充工具填充一个傍晚的颜色（图3-26 ~图3-28）。

图3-26　建立选区

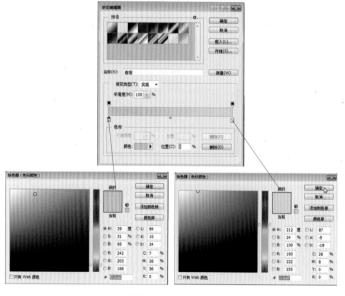

图3-27　线性填充

图3-28　填充天空

② 本步骤是将剪切开的建筑物进行调色，使用的是"图像">"调整">"色相/饱和度工具"（色相为213、饱和度为25、明度为0，点选着色选项）。将调色后的建筑物图层命名为底色层，完成基础色调的调节（图3-29）。

图3-29　基础色调

Chapter
1

Chapter
2

Chapter
3

Chapter
4

Chapter
5

Chapter
6

Chapter
7

③ 在底色层之上新建图层并命名为上色1，在新建图层进行基础塑造。本步骤除了要求深入塑造木板、瓦片之外，还要调节建筑受光部的色彩，即严控气氛，逐步推进（图3-30）。

图3-30　基础塑造

④ 新建图层并命名为上色2，在新建图层继续深入刻画。通过本步骤与上一步骤的对比可以看出，本步骤在细节塑造上更加准确，这也是为了给之后的细节刻画打好基础（图3-31 ～图3-33）。

图3-31　塑造对比

图3-32　细部对比

图3-33 深入刻画

⑤ 新建图层并命名为上色3，在上色3图层刻画一些画面细节，如墙壁的残破处、街上的电线等。细节的添加需要使形体起伏和光线处理与全图匹配（图3-34）。

图3-34　细节添加

Chapter
1

Chapter
2

Chapter
3

Chapter
4

Chapter
5

Chapter
6

Chapter
7

（3）质感刻画

新建上色4图层，在新建图层进行质感绘制。质感绘制使用的依然是内置的喷枪硬边低密度粒状笔刷，具体方法为拾取每一部位颜色的重色和亮色交替绘制，形成颗粒状表面，增加其真实感和质感（图3-35、图3-36）。

图3-35　质感颗粒

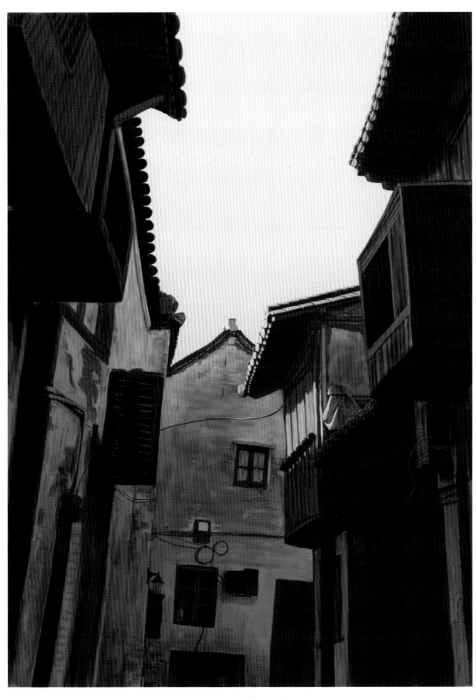

图3-36　绘制完成

Chapter

1

Chapter

2

Chapter

3

Chapter

4

Chapter

5

Chapter

6

Chapter

7

（4）效果调整

执行盖印可见图层，合成一个新的图层，对新生成的图层进行调整，完成本案例的绘制。将所有上色步骤分层放置到一个组中并命名为上色步骤组，关闭显示作为备份。

执行"滤镜"＞"模糊"＞"光圈模糊"，为画面添加一个景深效果（图3-37）。

图3-37 光圈模糊

 实战练习

1.绘制有主题的场景，如幽暗的山谷、辽阔的草原、林中小屋、我的宿舍等。

2.选择一个场景绘制详尽的素描稿，尝试使用软件调色后绘制成彩色气氛图。

04
Chapter

第4章

五官的绘制

　　本章分别绘制写实五官。五官的绘制是角色绘制的基础。在绘制以前对五官局部结构的了解是完成绘制的前提，然而了解五官的结构并不意味着可以在画面中进行很好的表达，这是因为五官为皮肤所覆盖。本章在每一个案例绘制前进行关键结构和绘画重点的分析，结合软件自带笔刷完成对五官质感的表达。

4.1　眉眼的绘制

　　眉毛和眼睛是五官中的重点，也是表达角色情感非常重要的窗口。观察一个写实数字绘画角色，眉、眼往往是吸引观众目光的地方。同时，眉、眼处的结构复杂、形状穿插很多，也是数字绘画中的难点。本节即研究数字绘画中的眉、眼的画法。

4.1.1　绘前分析：艺用结构与绘画表达

　　眉毛，正是由于其看似简单，所以在绘画时才容易显得死板，就其本身来说，分为眉头、眉峰和眉尾三个主要部分，其中眉峰是眉毛最浓密的地方。眉毛绘制的重点是毛发的方向和结构的起伏。

　　眼睛可以说是五官中最为复杂的，除有反光很强、结构复杂的眼球部分，包裹眼球的上、下眼皮也各有特征。图4-1中标注的即是在眉、眼绘制时需要着重强调的结构。

　　需要特别强调的是，医用结构和艺用结构有很大不同。艺用结构的着眼点是绘画中容易凸显的结构部分，并且由于绘画作品表达的需求，没必要将所有结构都表现在画面中。

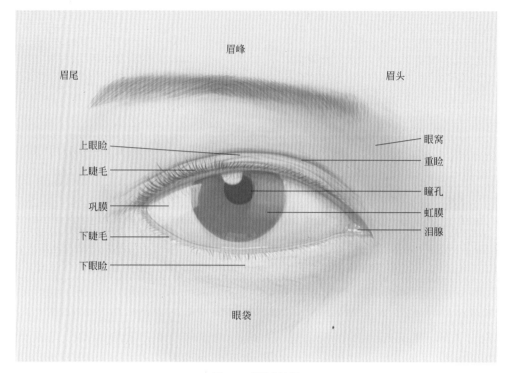

图4-1　眉眼的结构

4.1.2　绘制眉眼

本案例的设定为无妆青年女性的眉眼。

（1）起稿定型

① 新建A4画布（图4-2）并旋转90度，在图层面板新建线稿层和底色层，在底色层填充肉色作为基础颜色（R：240、G：202、B：193），选择画笔工具中的柔边圆笔刷，设置笔刷大小为20像素，不透明度为100%，流量为20%，在线稿层使用黑色起稿绘制线稿（图4-3）。

图4-2　新建画布

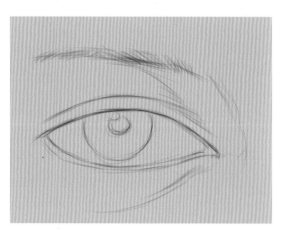

图4-3　绘制线稿

② 在线稿层之上分别新建图层：眼球层（虹膜色R：103、G：57、B：37；瞳孔色R：26、G：15、B：9）、皮肤层（R：204、G：140、B：113）、眉毛层（R：107、G：78、B：66），分别选择颜色并在各个图层进行基础绘制（图4-4）。

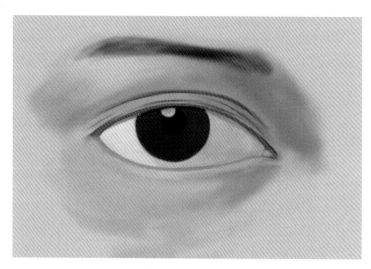

图4-4　铺设底色

　　本步骤的主要目的是画出各部分的固有色和基础的光源关系。眼皮部分稍复杂，需要画出上眼皮的厚度和投影、下眼皮的厚度和光照，其他细节方面暂不考虑。

（2）基础塑造

　　① 在眼球层之上新建图层并命名为眼球细节层。对虹膜部分进行基础塑造，首先选取深棕色对虹膜部分的形状进行明确，然后按照组织生长方向简单绘制环状短线条来显示结构（图4-5）。

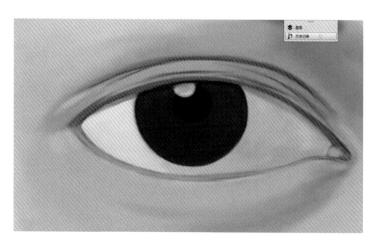

图4-5　以色修形

　　② 在眼球细节层之上新建图层并命名为眼球高光层，使用椭圆选框工具画正圆形选区并填充亮灰色（R：244、G：240、B：248）作为眼球高光，然后使用橡皮擦工具擦除边缘，再

使用模糊工具进行模糊,使其更好地融合到图像中。

在高光层继续绘制眼球左侧高光:使用矩形选框工具画矩形选区后填充亮灰色(R:244、G:221、B:224),执行菜单栏"编辑">"自由变换",并使用网格变形调整形状,同样使用橡皮擦工具和模糊工具进行处理(图4-6)。

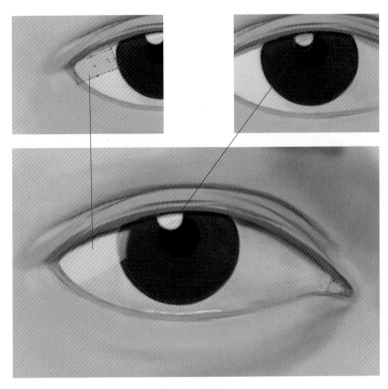

图4-6 绘制高光

③ 使用吸管工具拾取过渡色融合眼白部分的笔触,将泪腺的高光和颜色简单明确后对上眼皮的重睑和褶皱进行简单刻画(图4-7)。

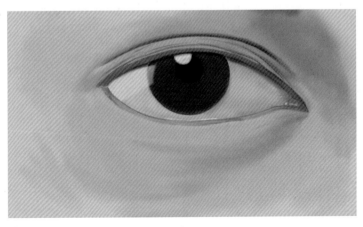

图4-7 基础塑造

④ 对眼球周围的结构进行刻画，首先对上、下眼皮和重睑部位的立体感进行塑造，然后将眼轮匝肌的亮部提亮，另外将颞骨部位使用浅色简单刻画（图4-8）。

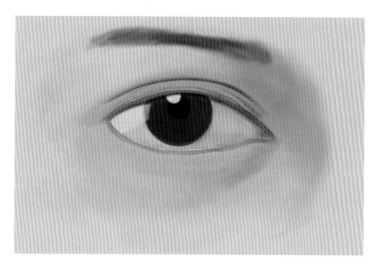

图4-8 眼皮塑造

（3）深入塑造

① 在图层面板新建组并命名为眼球，将眼球刻画的三个图层放入眼球组。

依然从眼球虹膜和瞳孔部位开始塑造，首先将瞳孔的形状进一步完善，然后使用深棕色短线条对虹膜部位的结构进行刻画，最后浅涂一层棕色（R：104、G：55、B：36）提高眼球结构分层的立体感并强化固有色（图4-9）。

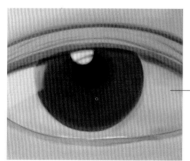 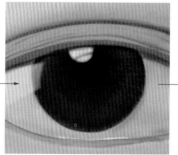 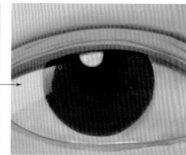

图4-9 刻画眼球

② 首先将眼白部分进行细致刻画，包括眼白部分的笔触融合、上眼皮落在眼白上的投影刻画、眼白与下眼皮的交接线刻画。

绘制眼球反光：将眼球高光层重命名为高光反光层，在高光反光层之上新建图层一，在新建图层上绘制眼球的反光，将图层透明度降低到20%，使其与眼球的融合更加自然，然后向下合并图层，合并到高光反光层（图4-10）。

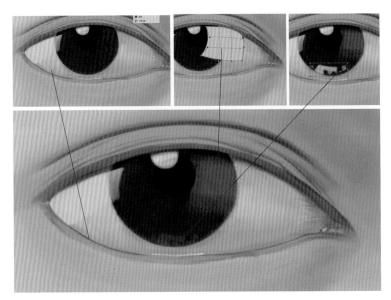

图4-10　绘制反光

③ 使用加深工具（快捷键为O）对眼白暗部加重，然后刻画泪腺，最后将下眼睑的厚度仔细刻画，主要是刻画下眼睑面与面交界部分的受光部位，刻画时按照毛孔突起感放松用笔（图4-11）。

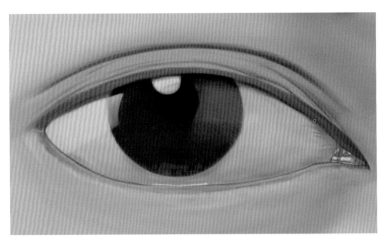

图4-11　深入塑造

④ 本步骤的主要内容是处理眼球周围的结构关系，使眼轮匝肌与周围结构更好地结合在一起来表达，主要塑造的内容有：眼窝的刻画、眼窝与上眼皮的衔接、鼻子与下眼皮的体面转折、整个画面左侧的结构衔接等（图4-12）。

由于本案例的光源设定为正面偏左侧来光，因此眼窝和眼轮匝肌侧光部位不宜太暗。

⑤ 在眼皮层之上新建图层并命名为睫毛层，使用小笔触选取深棕色（R：29、G：13、B：7）绘制睫毛。睫毛绘制的注意事项包括：睫毛的生长位置不可紧贴眼球、下笔按照由轻到重再到轻的规律体现睫毛的粗细变化、下笔迅速以体现睫毛弹性等（图4-13）。

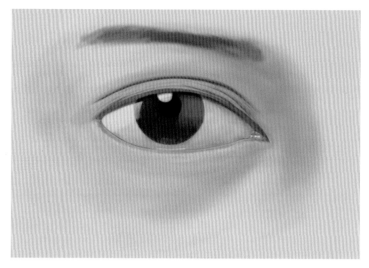

图4-12　周边结构刻画

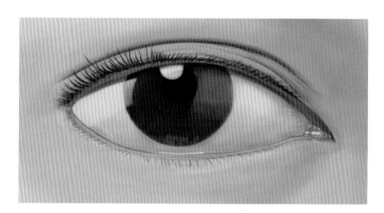

图4-13　绘制睫毛

⑥ 在睫毛层下新建图层并命名为睫毛倒影层，在新建图层绘制睫毛在眼球上的倒影（图4-14），将睫毛层和睫毛倒影层放入新建图层组中，将新图层组命名为睫毛。

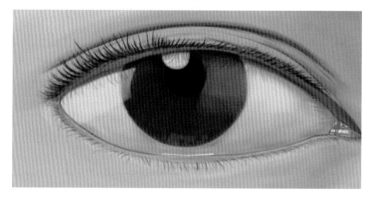

图4-14　睫毛倒影

⑦ 在眼皮图层之上新建图层并命名为眼皮细节层，将这两个图层合并至新图层组并将新图层组重命名为眼皮组。本步骤主要是刻画眼皮的褶皱和重睑（图4-15）。

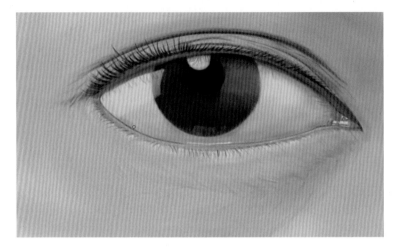

图4-15　眼皮细节刻画

⑧ 在眉毛层之上新建图层并命名为眉毛细节层，将这两个图层合并至新组并将新组重命名为眉毛。眉毛的绘制要点有：需将眉毛底色基础绘制充分再画眉毛毛发、注意眉毛的生长方向和对结构的依附关系（图4-16）。

（4）质感刻画

① 在眼皮细节层之上新建图层并命名为皮肤纹理层，在新建图层绘制皮肤纹理质感。皮肤质感的塑造使用的是喷枪硬边低密度粒状笔刷，基本方法是：分别拾取皮肤重色和最亮的颜色交错在表皮绘制颗粒模拟皮肤质感（图4-17），将皮肤纹理层的透明度降低至25%。

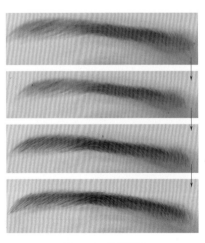

图4-16　绘制眉毛

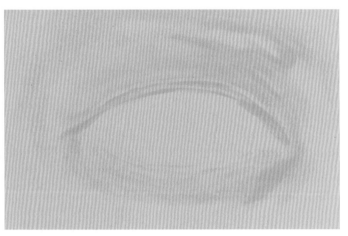

图4-17　皮肤质感

② 对最终细节（重睑的反光、眼皮的褶皱）和整体关系做最后的调整之后，完成本次案例绘制（图4-18、图4-19）。

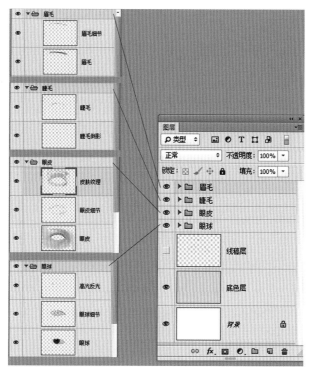

图4-18 图层分布

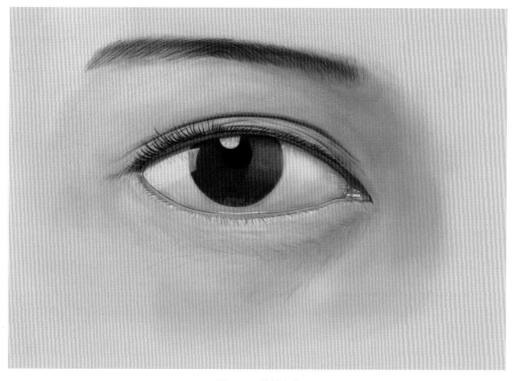

图4-19 绘制完成

Chapter 1
Chapter 2
Chapter 3
Chapter 4
Chapter 5
Chapter 6
Chapter 7

Ps 4.2 鼻子的绘制

鼻子属于比较容易进行数字绘画表达的五官，因为鼻子有很清晰的体面关系和结构关系，并且鼻孔、鼻翼和鼻子的投影导致鼻子的立体感很容易刻画。

4.2.1 绘前分析：鼻子的塑造与质感

从图4-20的结构图中可以看到鼻子的结构并不复杂，从亮部看，需要区分好亮部的三个大面：左侧光面、正受光面和右侧光面；从暗部看，需要注意刻画鼻子的明暗交界线以及反光、投影，就可以将鼻子的体积感塑造出来。

质感刻画方面，本案例除了刻画皮肤质感以外，还增添了许多细节，如鼻骨上面的痣、鼻头和鼻翼的粗大毛孔，这是为了更好地表达鼻子质感，也是为了增添本案例的作品性所做的主观处理。

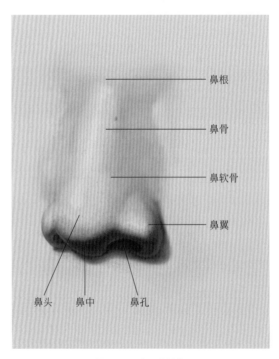

图4-20 鼻子的结构

4.2.2 绘制鼻子

本案例的设定为男青年的鼻子绘制。

（1）起稿定型

① 新建A4画布，在图层面板新建颜色层、线稿层和底色层，在底色层填充肉色作为基础

颜色（R：236、G：190、B：192），选择画笔工具中的柔边圆笔刷，设置笔刷大小为20像素，不透明度为100%，流量为20%，在线稿层使用黑色起稿绘制线稿（图4-21）。

　　② 分别使用鼻底的重色（R：149、G：92、B：77）、鼻子侧面颜色（R：216、G：169、B：160）和鼻子亮部颜色（R：245、G：209、B：205），快速将鼻子的体块区分开（图4-22）。

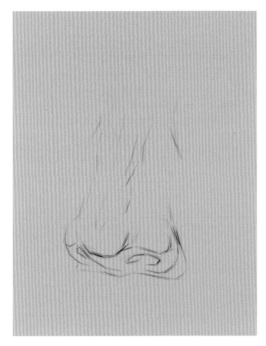

图4-21　绘制线稿

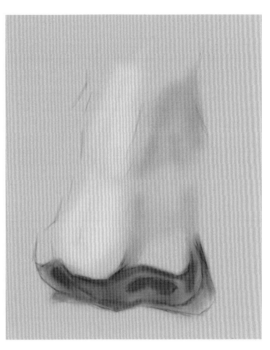

图4-22　区分体块

（2）基础塑造

　　① 强化结构感并将鼻子明暗加强。本步骤的主要目的有两个，首先是继续通过笔触叠加对鼻子进行塑造；其次是强化明暗交界线与投影的形状和虚实，以加强鼻子的立体感（图4-23）。

　　② 使用混合器画笔工具（潮湿：10%、载入：5%、混合：19%、流量：5%，点选压力控制按钮）和模糊工具（强度40%，点选压力控制按钮）对笔触进行融合。混合器画笔工具除了可以融合笔触外，也可以当作画笔使用，对鼻子进行基础塑造，在塑造时应尽量按照鼻子结构的方向用笔（图4-24）。

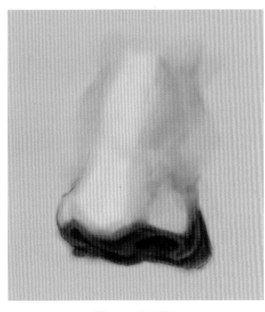

图4-23　基础塑造

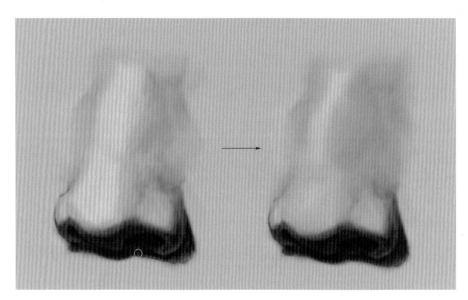

图4-24　笔触融合

③ 首先提亮鼻子亮部，然后添加鼻子高光（R：254、G：221、B：209），并在鼻子周围添加一些冷色（图2-45）。

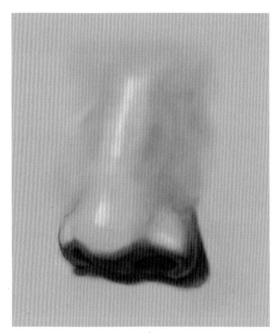

图4-25　添加高光

（3）深入塑造

① 从左侧鼻翼开始进行深入刻画：首先绘制鼻翼轮廓的转面，然后对鼻孔的形状和深色进行了明确，之后将鼻翼的细微反光进行绘制，最后对鼻子整体的明暗交界线和投影进行塑造（图4-26）。

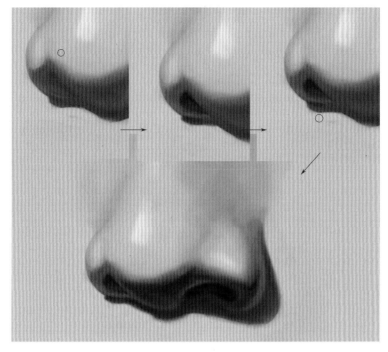

图4-26　塑造鼻翼

② 从鼻翼左侧开始对鼻子进行局部深入塑造（图4-27）。

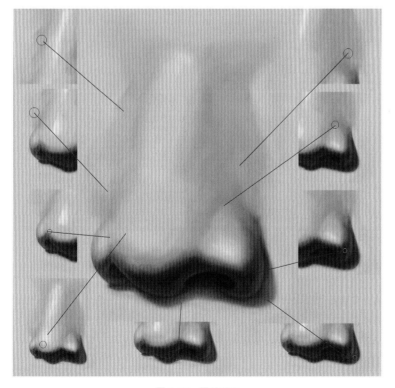

图4-27　局部塑造

③ 在颜色层之上新建图层并命名为高光层，在高光层绘制鼻子高光（R：255、G：236、B：211）。鼻子高光绘制的注意事项有：首先鼻子高光应该在鼻子亮部的中间位置；其次鼻子高光受结构起伏的影响有强弱变化。绘制完成后将高光层的图层不透明度降低到50%（图4-28）。

④ 再次对鼻子局部——进行细致刻画（图4-29）。

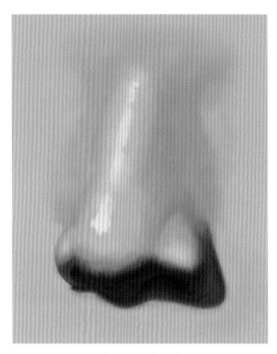

图4-28 绘制高光

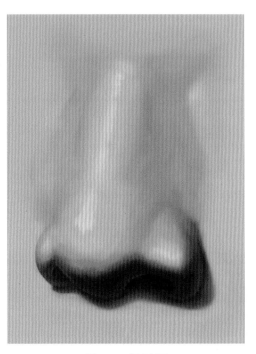

图4-29 细致刻画

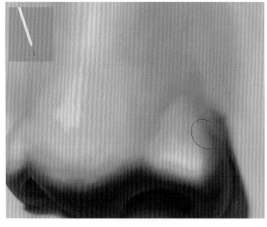

图4-30 质感绘制一

（4）质感刻画

本步骤的质感刻画包含两个方面：一是使用喷枪硬边粒状笔刷和水彩大溅滴笔刷对毛孔效果进行模拟；二是增加了鼻子上面的细节（如粗大毛孔、痣）。在使用笔刷模拟毛孔效果时遵循的是先画小颗粒再叠加大颗粒的绘制流程，力求绘制效果生动自然。

① 在颜色层和高光层之间新建图层并命名为质感层。使用喷枪硬边低密度粒状笔刷，分别拾取皮肤的重色和最亮色交错绘制，模拟皮肤质感（图4-30）。

② 打开画笔设置面板，修改参数（图4-31）后进行第二遍毛孔绘制（图4-32）。

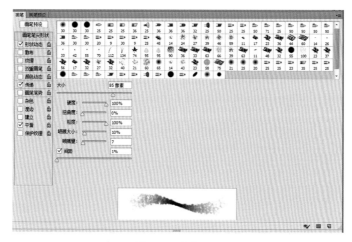

图4-31 参数设置

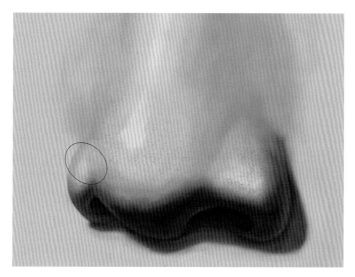

图4-32 质感绘制二

③ 将喷溅大小参数设置为13%，进行第三遍毛孔绘制（图4-33）。绘制完成后使用模糊工具和橡皮擦工具，对暗部和侧光面毛孔进行弱化。

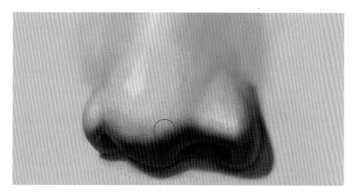

图4-33 质感绘制三

④ 使用水彩大溅滴笔刷进行第四遍毛孔的叠加刻画（图4-34）。

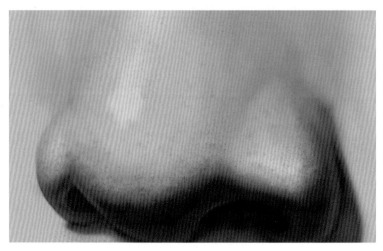

图4-34 质感绘制四

⑤ 在鼻子上添加细节，完成写实鼻子的绘制（图4-35）。

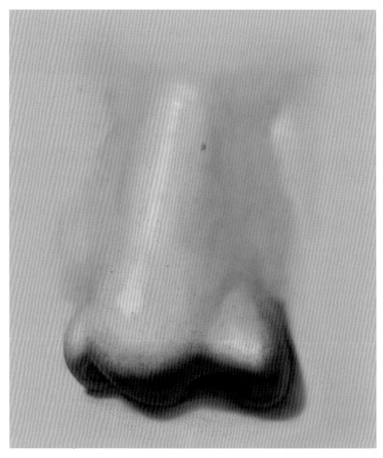

图4-35 绘制完成

4.3 嘴的绘制

嘴是五官中脸部运动范围最大的，也是最富有表情变化的部位之一。嘴依附于上、下颌骨及牙齿构成的半圆柱体，形体呈圆弧状，位于面部的正下方。嘴的结构并不复杂，主要由上、下嘴唇和包裹嘴唇的口轮匝肌构成，多个弧状和半圆柱形的结构穿插到一起之后使得嘴的绘制具有一定的难度。

4.3.1 绘前分析：将复杂的结构简单化

进行写实性嘴的绘制需要做到将复杂的结构简单化，这首先是由于嘴的结构虽然复杂，但实际上显示在皮肤表层的结构却并不复杂，刻意强化嘴巴周围的结构往往会适得其反，造成刻画的不自然；另外，在进行写实绘画时往往会被嘴唇复杂而细腻的纹理所困扰，容易陷入其中导致画面喧宾夺主。因此，树立整体意识和大胆取舍，在进行写实绘画尤其是东方人的嘴部写实绘画时就显得尤为重要。

对嘴部的刻画可以参考两个原则（自然光或平光时）：将嘴唇简化为两个弧形半圆柱，在嘴唇周围重点处理结构的起点（图4-36）。

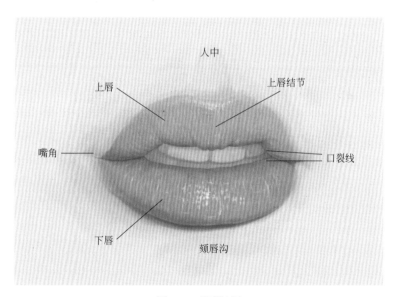

图4-36 嘴部结构

4.3.2 绘制嘴

本案例的设定为女青年红润的嘴。

（1）起稿定型

① 新建A4画布并旋转90度，在图层面板新建线稿层和底色层，在底色层填充肉色

作为基础颜色（R：244、G：213、B：190），选择画笔工具中的柔边圆笔刷，设置笔刷大小为20像素，不透明度为100%，流量为20%，在线稿层使用黑色起稿绘制线稿（图4-37）。

图4-37 绘制线稿

② 在线稿层之上新建图层并命名为颜色层，在颜色层进行嘴的绘制。分别选取上嘴唇的颜色（R：214、G：156、B：116）、下嘴唇的颜色（R：227、G：139、B：101）和牙齿颜色（R：170、G：146、B：132）进行基础底色的铺设（图4-38）。

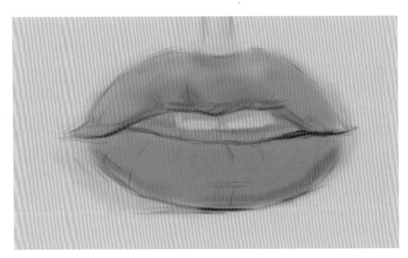

图4-38 铺设底色

③ 强化画面的重色，标示出基础的体面关系，铺设颜色之后使用混合器画笔工具进行笔触融合（图4-39）。

图4-39 区分体面

（2）基础塑造

① 本步骤主要是刻画嘴唇的体积感，即塑造"弧形半圆柱"。其注意事项：对于上嘴唇应强化下缘边线，对于下嘴唇，除上、下边线外要牢记受光部位和侧光部位的区分。在塑造时依旧是按照形状走势用笔。

每塑造一遍都需要使用混合器画笔工具对笔触进行融合，使用模糊工具对侧光部位和暗部进行处理（图4-40）。

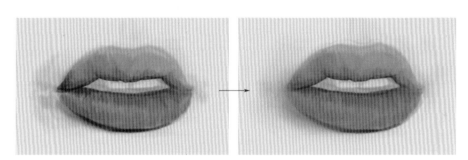

图4-40 基础塑造

② 在颜色层之上新建高光层，在高光层依据嘴唇纹理绘出简单高光（R：238、G：199、B：171）（图4-41）。

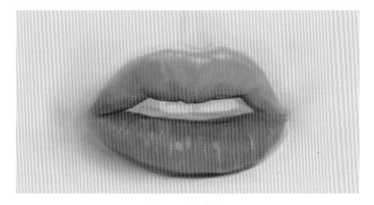

图4-41 基础高光

③ 使用加重工具（曝光度设置为8%）对嘴唇和嘴的暗部进行加重（图4-42）。

图4-42　暗部加重

（3）深入塑造

① 本步骤主要是对上、下嘴唇及其与人中、嘴角、颏唇沟的结构连接做深入塑造。从画面左侧的嘴角和上嘴唇开始逐一进行局部刻画，重点刻画嘴唇边线的虚实关系和细微投影，用笔顺着嘴唇纹理和结构方向绘制，绘制嘴唇周围结构时对唇形进行最后一次调整（图4-43）。

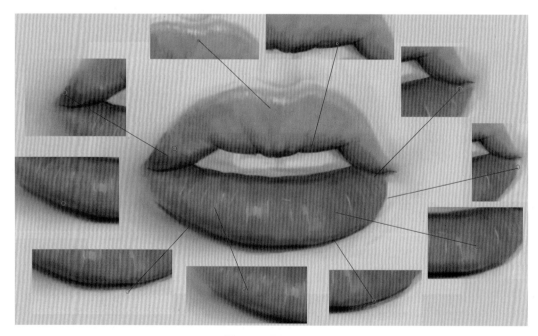

图4-43　深入塑造一

② 在颜色层之上新建图层并命名为细节层，在细节层上进行第二遍深入塑造。本次塑造进入唇纹的刻画，从上唇结节开始延伸至上嘴唇两侧，然后进行下嘴唇的刻画，最后刻画牙齿（图4-44）。

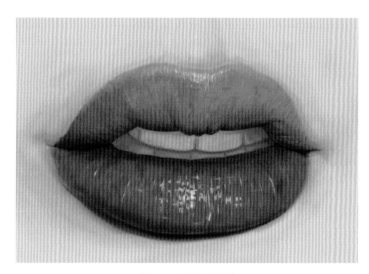

图4-44　深入塑造二

③ 在细节层之上新建图层并命名为细节层2（图4-45），在新建图层进行第三遍细致刻画（图4-46），完成本案例的绘制（图4-47）。

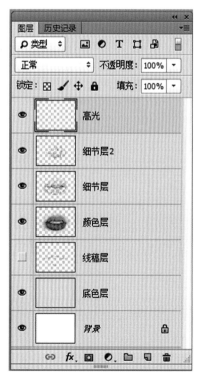

图4-45　图层分布

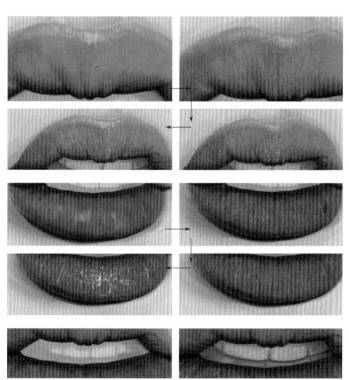

图4-46　深入塑造三

图4-47 绘制完成

4.4 耳朵的绘制

艺用解剖中耳朵的结构并不复杂，耳朵往往并不是角色刻画的重点，也不常处于画面的"画眼"位置，但在写实数字绘画中，耳朵的表达却有一定的难度。难度主要来源于两点：第一是耳朵的外形相似，并不容易画得精确和有特点；第二是耳朵在很小的范围内有很复杂的空间起伏、穿插，在刻画时很容易表达不准确。

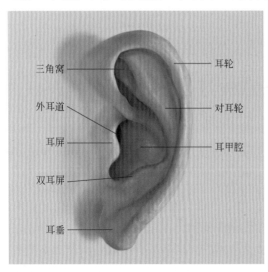

三角窝————————耳轮

外耳道————————对耳轮

耳屏————

双耳屏————————耳甲腔

耳垂————

图4-48 耳部结构

4.4.1 绘前分析：牢记空间表达

耳朵的绘制有两个要点需要在整个绘画过程中严格把控：首先可将耳朵概括地理解为圆柱体的组合，因此要画出每一部位独立的立体感；其次是记住每一结构在空间中的起伏，记住结构的最高点和最低位置。把握住以上两个要点，辅以绘画表达时的虚实技巧，才有可能画出具有美感的耳朵作品（图4-48）。

4.4.2 绘制耳朵

本案例的设定为侧光的青年人的耳朵。

(1) 起稿定型

① 新建A4画布，在图层面板新建线稿层和底色层，在底色层填充肉色作为基础颜色（R：238、G：195、B：179），选择画笔工具中的柔边圆笔刷，设置笔刷大小为20像素，不透明度为100%，流量为20%，在线稿层使用黑色起稿绘制线稿（图4-49）。

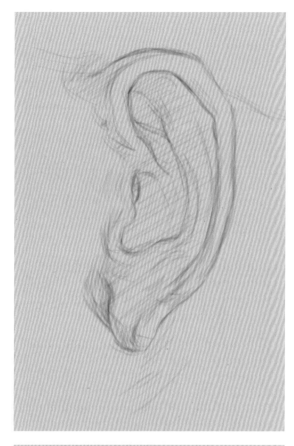

图4-49 绘制线稿

② 在线稿层之上新建图层并命名为颜色层，在颜色层进行耳朵的绘制。耳朵颜色变化不大，主要由亮部色（R：237、G：189、B：167）和暗部色（R：137、G：70、B：50）组成（图4-50）。

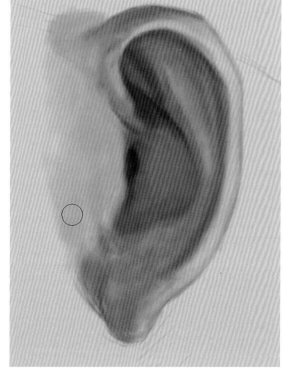

图4-50 铺设底色

Chapter 1
Chapter 2
Chapter 3
Chapter 4
Chapter 5
Chapter 6
Chapter 7

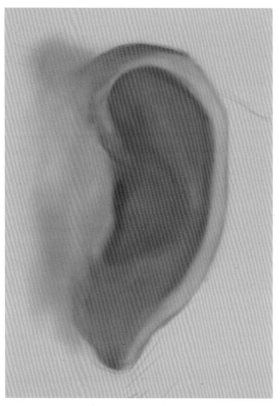

③ 使用工具箱中的混合器画笔工具（潮湿：10%、载入：5%、混合：20%、流量：5%，点选压力控制按钮）和模糊工具（强度50%，点选压力控制按钮）对笔触进行融合（图4-51）。

（2）基础塑造

① 从耳孔部位开始对耳朵进行第一遍塑造，本次塑造的主要目的是画出耳朵每一处结构的体积感，同时区分亮部和暗部，绘出投影。塑造完成之后使用加深工具（曝光度10%）对整个暗部进行加重（图4-52）。

图4-51 笔触融合

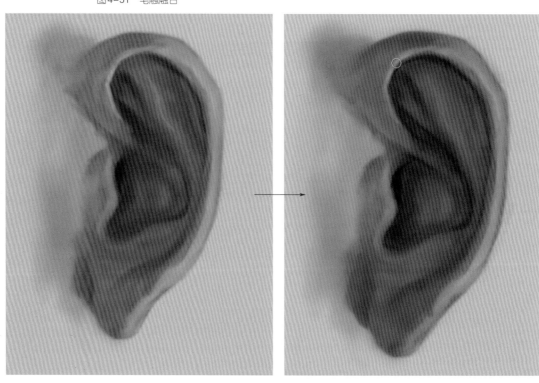

图4-52 基础塑造一

② 从局部开始对耳朵进行第二遍基础塑造，塑造完成后依然使用混合器画笔工具和模糊工具进行笔触融合（图4-53）。

③ 执行快捷键Ctrl+U调出色相/饱和度面板（参数设置为色相：-5，饱和度：-2，明度：0），对图像进行色彩调整。然后执行Ctrl+L调出色阶面板（"输入色阶"的三个参数，从左向右依次为30、1.39、236）对图像进行调整（图4-54）。

（3）深入塑造

① 依旧选择从局部开始对耳朵的每一处结构进行刻画和处理（图4-55）。

② 在颜色层之上新建图层并命名为细节层，在细节层对耳朵进行更加精细的刻画，通过细节层的刻画尽量模拟耳朵的纹理和质感，为质感刻画做好准备（图4-56、图4-57）。

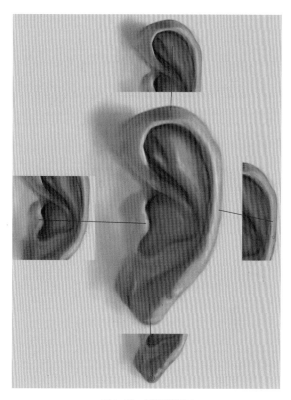

图4-53 基础塑造二

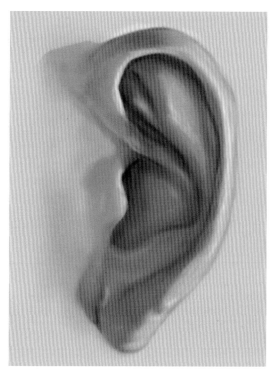

图4-54 图像校色

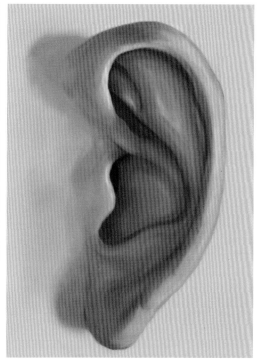

图4-55 细节刻画一

Chapter
1

Chapter
2

Chapter
3

Chapter
4

Chapter
5

Chapter
6

Chapter
7

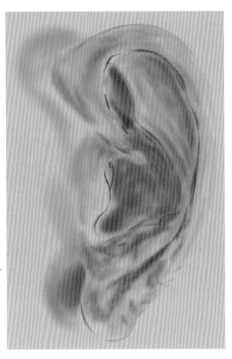
图4-56　细节图层

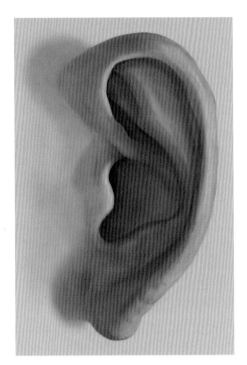
图4-57　细节刻画二

（4）质感刻画

① 在细节层之上新建质感层，使用水彩大溅滴笔刷和喷枪硬边低密度粒状笔刷叠加绘制颗粒，模拟皮肤质感（图4-58）。

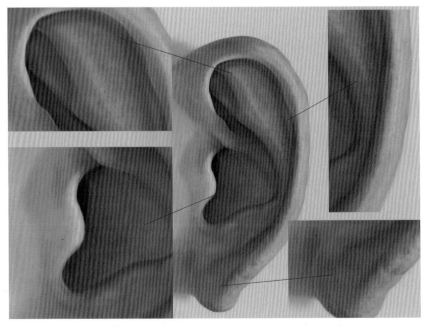
图4-58　质感刻画

② 在质感层之上新建图层并命名为高光反光层，在新建图层绘制高光和反光，完成本案例的绘制（图4-59）。

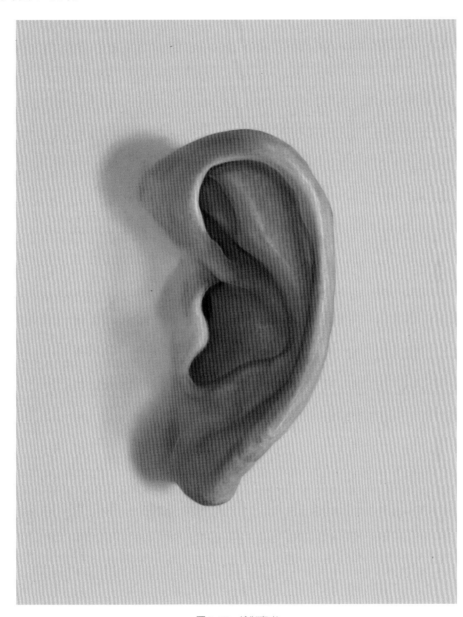

图4-59 绘制完成

 实战练习

1.选择不同角度的五官进行绘制，要求结构准确、效果写实。

2.选择不同年龄段的人物五官进行绘制，要求通过五官大概体现人物的年龄层。

第5章
男子头像的绘制

通过前面几章的铺垫，本章开始进入素描人物头像的描绘。素描相较于彩色数字绘画，更多的是把控整体的黑白灰关系与结构关系，最终通过绘画效果的处理完成一幅作品。本案例是通过对之前内容的整合，研究数字绘画领域男子头像的表达技法。

 ## 5.1 绘前分析

（1）绘制分析

本案例的设定为穿西装和白衬衫的中等体型的中国男子素描头像绘制。

男青年的特点是结构相对清晰，五官轮廓明显，但亚洲男子的五官立体感普遍要弱于欧洲男子，这是由人种特征决定的。另外，画面处理上不可面面俱到，反而要注意主次虚实关系，这就给画面处理造成很大的问题：虽然可刻画的不多，但要求主要部分刻画得深入细腻，既不可将结构刻画得太明显，又不能看不出结构，不能单纯地拼凑写实的五官，而要将角色特征和画面美感处理好。

另外，素描头像的刻画要求把握好细腻的画面灰调子。灰调子在画面中的处理不仅关系到画面整体的黑白灰关系、皮肤质感的刻画，也决定了角色的肤色。

（2）分层与工具

根据之前的绘制经验，合理的分层对提高工作效率有很大的帮助。分层的参考因素首先是未来使用的需要：如果是为了制作动画或有可能对五官等局部进行替换，建议将头部各元素单独分层；如果是为了教学之需，可以考虑将头部各元素绘制到一个图层，逐步推进刻画，方便

观察每一步的工作内容。

　　从工具来看，之前的五官绘制已经包含了素描人物绘制流程中所需要的全部工具，本章尝试使用外置笔刷绘制男青年的皮肤。外置笔刷的主要作用是提高绘制效率，免费的网络资源中有许多Photoshop外置笔刷，可以快速画出各种炫酷效果。使用外置笔刷的前提是绘画者已经可以通过内置笔刷实现所要的绘画效果，过早、过量使用外置笔刷往往会适得其反，应当注意节制。

5.2　画布起稿

（1）新建画布

新建A3画布（图5-1），选择颜色模式为灰度。

> **Tips**
> 执行菜单栏"图像" > "模式" > "灰度"，也可将颜色模式切换到灰度。

（2）绘制线稿

　　在图层面板新建线稿层，选择画笔工具中的柔边圆笔刷，设置笔刷大小为10像素，不透明度为100%，流量为10%，在线稿层使用黑色起稿绘制线稿。线稿可以绘制得稍微充分些，将光源关系也做简单标示（图5-2）。

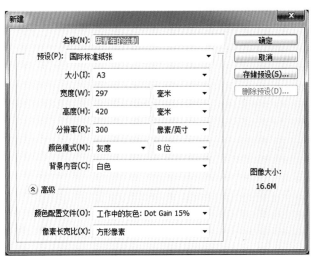

图5-1　新建画布

图5-2　绘制线稿

Photoshop

写实绘画技法从入门到精通

Ps **5.3　铺设底色**

图5-3　基础设置

（1）基础设置

在图层面板新建底色层和背景层，在底色层填充底色（R：172、G：172、B：172）作为皮肤灰色，在背景层填充深灰色（R：73、G：73、B：73）作为绘制过程中的底衬托（图5-3）。

图5-4　区分明暗

（2）区分明暗

选择底色层，使用工具箱中的加深工具（设置曝光度为30%）对画面中的暗部和较深的颜色进行加重，区分明暗并找出画面颜色最重的区域（图5-4）。

（3）擦除背景

隐藏背景图层，在底色层使用橡皮擦工具擦除男青年轮廓之外的颜色。擦除背景是一项需要极大耐心的工作，基本流程为：第一步先使用硬边橡皮擦快速擦除大面积背景，留下靠近轮廓的部位；第二步放大画面，使用柔边橡皮擦对轮廓边缘进行擦除；第三步显示背景层的深色底衬托，对比寻找残留部分后再次放大画面进行精细擦除（图5-5、图5-6）。

图5-5 擦除背景一

图5-6 擦除背景二

（4）亮部提亮

本步骤的主要目的是将男青年亮部提亮以调整画面的黑白灰关系，使用的是工具箱中的减淡工具（设置曝光度为15%）（图5-7、图5-8）。

图5-7　亮部提亮　　　　　　　　　　　　　　图5-8　隐藏线稿观察

 5.4　基础塑造

（1）拾色塑形

将线稿层的不透明度降低到30%，逐步减弱线稿在画面的影响。在底色层对男青年头像进行基础塑造，操作方式为使用柔边圆笔刷拾取每一局部的颜色进行局部刻画。在刻画五官时，应注意将五官周边的结构一并塑造，以便整体衔接（图5-9）。

（2）笔触融合

关闭线稿层，使用混合器画笔工具对画面笔触进行一次融合（图5-10）。

（3）基础塑造

本步骤的主要目的是对画面关系做大的调整，主要内容是加深了暗部并提亮了亮部。

首先，执行菜单栏"图像"＞"调整"＞"色阶"（色阶参数从左至右依次设置为0、0.70、237），对画面黑白灰关系进行调整。然后，从上到下对皮肤亮部进行提亮。使用的工具有加深工具、减淡工具和模糊工具（图5-11）。

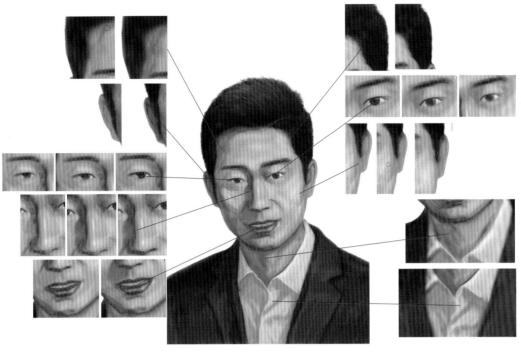

图5-9　拾色塑形

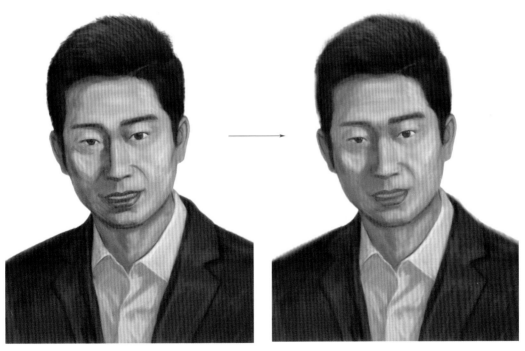

图5-10　笔触融合

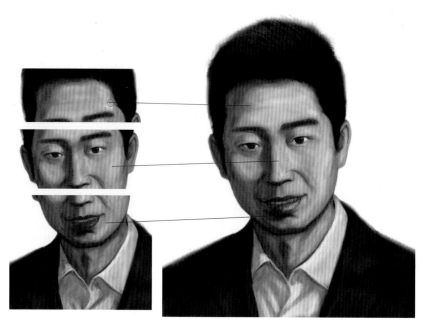

图5-11　基础塑造

 5.5　深入塑造

（1）塑造一

在底色层之上新建图层并命名为塑造一，在塑造一图层进行第一遍深入塑造（图5-12）。

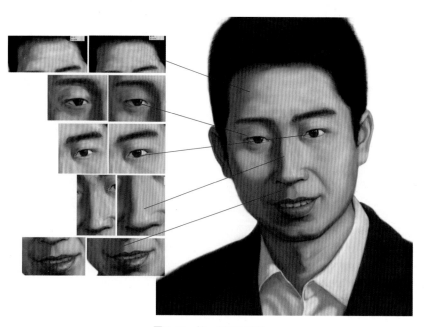

图5-12　第一遍深入塑造

（2）塑造二

在塑造一图层之上新建图层并命名为塑造二，在塑造二图层进行第二遍深入塑造。通过上一个步骤可见，画面整体的黑白灰关系已经基本确立，五官和脸上结构的塑造已经基本完成，皮肤的质感已经初步显现。本步骤就是将以上三个部分逐一进行调整和深入（图5-13、图5-14）。

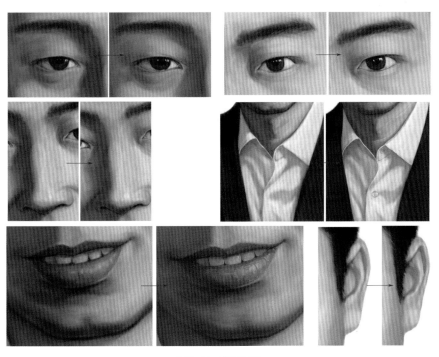

图5-13 细节对比

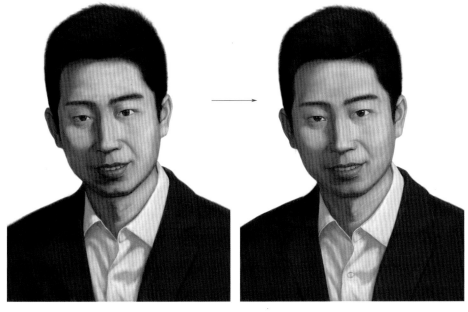

图5-14 塑造对比

（3）塑造三

通过前面步骤的塑造，男青年已经具备了较为详细的细节。本步骤是刻画皮肤毛孔之前的最后一遍细节刻画。相对于之前的塑造，本步骤并没有在大的黑白灰关系上作调整，而是将画面细节刻画充分，如头发与头皮的交界处、眉弓骨、眼皮的几个高光、眼袋、鼻头结构、牙齿、脖子纹理、白衬衫边缘厚度等方面（图5-15）。

图5-15　第三遍深入塑造

Ps 5.6　质感与画面处理

（1）皮肤细节

本步骤的主要内容是在绘制皮肤毛孔之前，把角色脸上的特征细节（如痘子、疤痕、痣等）绘制出来。在塑造三图层之上新建图层并命名为细节层。在细节层为男青年添加一些细节，细节不仅包含皮肤特征，也包括鬓角发丝、牙齿反光、衬衫褶皱等（图5-16、图5-17）。

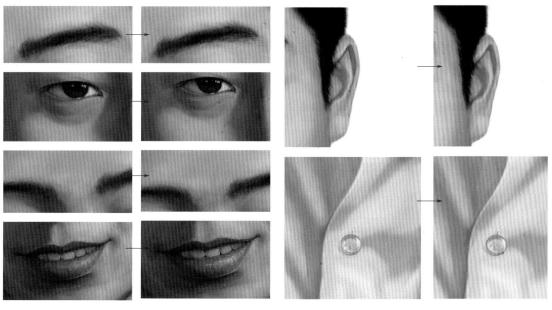

图5-16 细节举例

图5-17 皮肤细节

Chapter
1

Chapter
2

Chapter
3

Chapter
4

Chapter
5

Chapter
6

Chapter
7

（2）载入画笔

本步骤的主要内容是通过外置笔刷完成皮肤纹理质感的绘制，首先需要将外置画笔载入到Photoshop中：在画笔工具模式下点击鼠标右键，在弹出面板中选择右上角工具设置图标，在下一面板中点击载入画笔，选择画笔所在位置单击并按"载入"即可载入画笔。载入后的画笔会自动出现在画笔面板的最后位置。分别对载入的笔刷进行效果测试（图5-18、图5-19）。

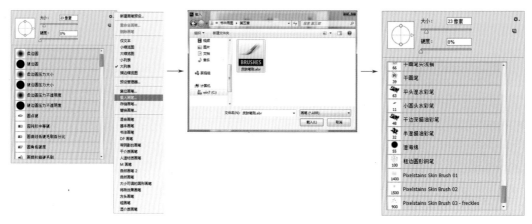

图5-18　载入画笔

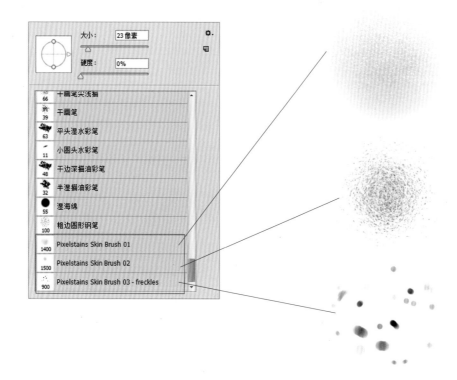

图5-19　效果测试

载入画笔有许多方式，如：① 执行菜单栏"编辑" > "预设" > "预设管理器" > "预设类型：画笔"，点击载入即可；② 将外置画笔复制粘贴到Photoshop的笔刷预设目录中，路径一般为X：\Program Files\Adobe\Photoshop CC\Presets\Brushes。

（3）绘制毛孔

本步骤的主要内容是通过外置笔刷绘制毛孔。通过上一步骤的效果测试可见，外置笔刷可以依次绘制细腻的皮肤毛孔、粗糙的皮肤毛孔和皮肤斑点。

首先在塑造层和细节层之间新建三个图层，依次为皮肤质感层、皮肤质感二层、皮肤质感三层，然后分别选择外置笔刷的 Skin Brush 01、Skin Brush 02、Skin Brush 03分层绘制。绘制过程中有三点需要注意：首先是眼皮厚度和眼球部分、鼻孔内部、嘴唇和牙齿部分不需要绘制毛孔；其次是毛孔的绘制需要适度，在绘制青年男子时，三个笔刷的使用逐步减量；最后需要特别注意，毛孔的绘制遵循画面整体近实远虚、亮部实暗部虚的原则进行处理。

绘制完成后适当降低图层透明度，使其更好地与上下图层融合，其中皮肤质感层的图层透明度为90%、皮肤质感二层的图层透明度为60%、皮肤质感三层的图层透明度为100%（图5-20）。

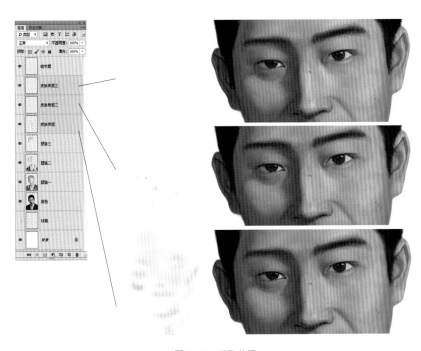

图5-20　毛孔分层

（4）画面效果处理

本步骤是在完成男青年头像绘制之后对画面效果的最终处理，基本内容是为男青年头像增加了一个渐变背景做底衬托，然后增加一个投影，加强画面空间感。

首先新建背景图层，填充浅灰色（R：240、G：240、B：240），然后使用稍重的颜色在背景图层使用柔边圆画笔，为角色添加一个投影，完成本案例（图5-21）。

图5-21　添加投影

 实战练习

1.绘制素描自画像头像一张，要求尽量深入细致。

2.任选一个与自画像性别不同的人物进行绘制，头像或胸像皆可。

第6章

田野中少女的创作

　　本章是对之前章节内容的概括和升级。与之前章节的最大不同点在于，本章将目标明确在数字绘画创作的层面。在进行数字绘画时，单纯地要求绘画能力或软件技巧都有失偏颇，掌握二者都是为了完成最终的作品，而作品要讲求情感表达和审美意境。另外，在本章节案例中，为体现作品的审美意境，并不刻意强调细节刻画，而是将主要精力放在画面整体的颜色气氛上。

 6.1　绘前分析

　　（1）绘制分析

　　本案例的设定为田野中身着纱裙套装的侧面、背光少女彩色半身像。

　　青年女性的绘制与男性有很大不同，女性绘画不常强调结构，而需对五官进行重点刻画，在皮肤绘制时也往往不要求画出太多细节，而是要求刻画皮肤的细腻感及适度的细节。另外，通过案例设定可以看出，本案例所要描绘的是少女在田野中的侧面、背光，因此可以想见，案例的难点首先是画面整体色调的把控，其次是对背光感的刻画。

　　通过之前案例可以看得出，数字绘画的极大优势是软件对整个画面的颜色调节、黑白灰关系调整十分便捷，因此在完成本案例过程中可以适当利用软件进行校色等操作，以达到更好更快的效果。

　　（2）分层与工具

　　为方便讲解，在绘制本章案例时按照五官、身体、发饰、服装、配饰、捧花和背景进行分层，但依然遵循起稿、铺色、基础塑造和深入刻画的步骤逐步推进。

　　工具方面，本案例使用的依然是最基础的柔边圆画笔，在绘制过程中使用软件进行了简单的色彩调整和画面效果处理。

Ps **6.2 线稿与大关系**

（1）新建画布

新建宽、高各为300毫米的画布（图6-1），注意选择颜色模式为RGB。

图6-1 新建画布

（2）绘制线稿

在图层面板新建线稿层，选择画笔工具中的柔边圆笔刷，设置笔刷大小为10像素，不透明度为100%，流量为10%，在线稿层选择黑色起稿绘制线稿。线稿可以绘制得稍微充分些，需要将少女的比例结构反复推敲确定（图6-2）。

图6-2 绘制线稿

6.3 色稿铺设

（1）铺设底色

在线稿层之上新建图层并命名为底色－气氛层，在这一图层铺设各部分固有色，快速描绘画面气氛（图6-3）。

图6-3　铺设底色

（2）基础关系

在底色－气氛层之上新建图层并命名为底色－基础关系层，在这一层上对画面的基础关系进行简单刻画，最主要的是对光线感的刻画。这一步骤主要还是在关注画面的素描关系而非色彩（图6-4）。

图6-4 基础关系

（3）颜色调整

完成基础颜色的铺设之后，为了更好地与接下来的步骤做衔接，需要将整体画面的颜色作调整，增加画面的红色和黄色，使皮肤显得红润、画面色调偏暖。此处使用的是菜单栏"图像" > "调整" > "色彩平衡"（图6-5）。

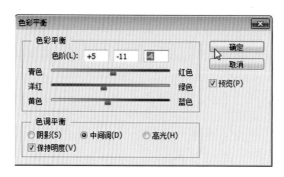

图6-5 颜色调整

（4）图层分离

本步骤的目的是将人物与背景分开，在分离图层之前将已经完成的图层进行备份（盖印图层）并进行校色。

首先执行盖印可见图层，将两个底色层盖印为一个新的图层并命名为底色层，将原图层合并到一个组中并命名为底色备份组，关闭显示该组作为备份（图6-6）。

然后使用工具箱中的多边形套索工具将人物选中，在选区内右键单击并在弹出菜单中点击通过拷贝的图层，将选区内的人物单独复制成一个新的图层，分别命名为底色-人、底色-背景（图6-7）。

最后将分离开的人物图层和背景图层分别做处理，以便在接下来的步骤中使用。背景图层的处理方式是使用大笔刷将背景图层上的人物盖住，目的是防止以后对人物图层进行修改时露出底图的人物颜色和轮廓（图6-8）；人物图层的处理方式为将底色背景填充深灰色（R：82、G：82、B：82）作为参照后，放大画面并使用橡皮擦工具修边。修边是需要很大耐心的细致工作，边线处理完善也是为了将来更换背景颜色时不至于穿帮（图6-9）。

图6-6　盖印图层

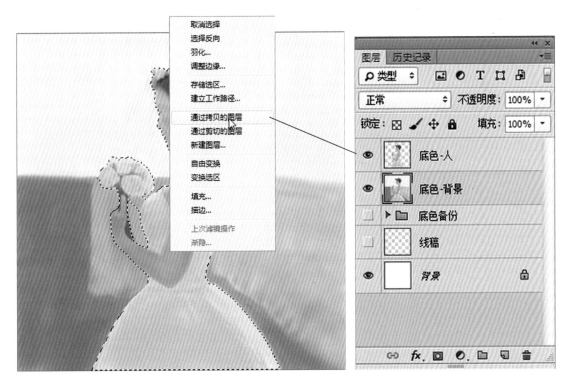

图6-7　图层分离

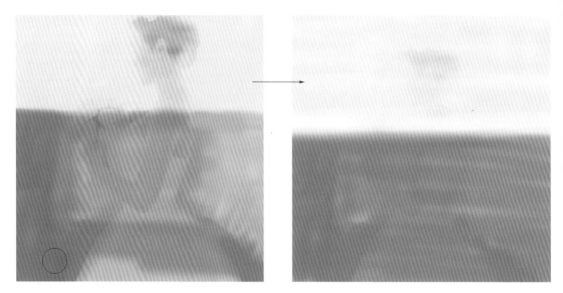

图6-8 背景处理

图6-9 边线处理

6.4 基础塑造

本节将画面的各部位分别新建图层进行塑造，这样做的目的是为了使绘制过程更加直观。在绘制时，切记各个图层的内容，以免混淆（图6-10）。

图6-10 基础分层

通过完成图与基础铺色的对比，可以直观地看到完成基础塑造步骤后的效果（图6-11）。

图6-11 基础塑造

（1）五官的塑造

在五官1图层对五官进行基础绘制，除了对五官的塑造之外，还需重点调整逆光皮肤的冷色调（图6-12）。

图6-12　五官塑造

（2）身体的塑造

身体部位塑造的重点是手指的塑造和小臂的空间关系处理（图6-13）。

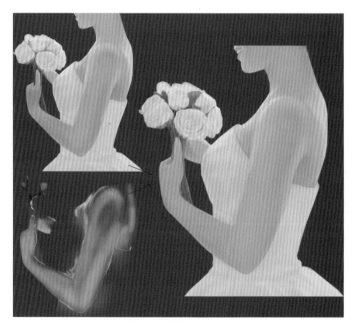

图6-13　身体塑造

（3）发饰的塑造

发饰的塑造包括发辫的塑造和头顶花环的塑造（图6-14）。

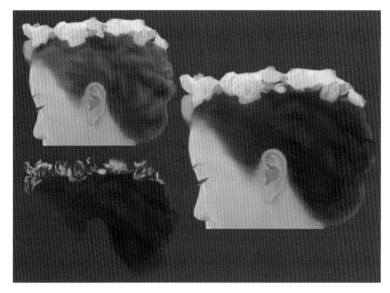

图6-14　发饰塑造

（4）服装的塑造

服装的塑造除了处理逆光色彩之外，还需要注意纱裙褶皱的塑造（图6-15）。

图6-15　服装塑造

（5）配饰的塑造

本步骤的配饰主要是指颈部的项链，塑造时应注意项链的形状需贴服颈部的结构起伏，除受光和侧光部分外还有少量的投影（图6-16）。

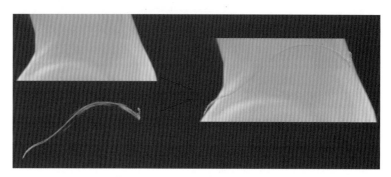

图6-16　配饰塑造

（6）捧花的塑造

捧花的塑造较为烦琐，首先要找到花、枝之间的形状穿插及其背光颜色（图6-17）。

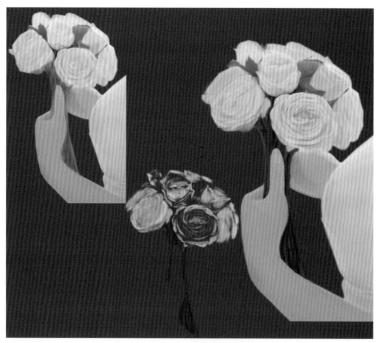

图6-17　捧花塑造

（7）背景的塑造

背景的塑造采用了绘制加素材拼贴的方式，主要是为了提高工作效率。

首先在背景1图层使用矩形选框工具将天空范围进行框选（羽化值设置为10），然后填充亮暖色（R：255、G：253、B：254），将背景素材导入"田野中的少女.psd"文件中，放置在背景1图层上并命名为背景2，对背景2图层进行位置摆放（Ctrl+T）、色彩平衡（色阶参数

从左至右依次为0、+41、-28）和模糊处理（表面模糊、光圈模糊），完成后使用模糊画笔对
边线进行细微处理（图6-18、图6-19）。

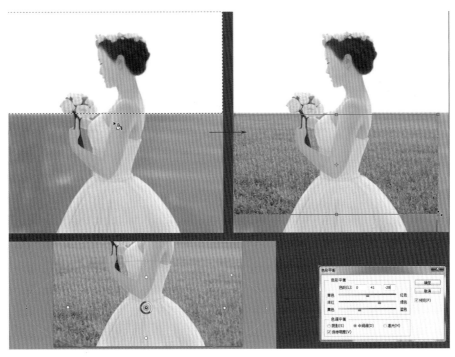

图6-18　素材处理

图6-19　背景完成

6.5　深入刻画

深入刻画是对上一步骤的每一个图层分别新建图层并进行细致刻画。在上一阶段的塑造过程中已经将背景图层处理完毕。之所以选择先将画面背景处理完毕，主要考虑的是背景处理相对较快、所占画面面积也较大容易看出效果。同时，背景图层处理完毕之后，可以成为其他图层的完成度参照。

在日常学习生活中，大家可以留心搜集各种背景图片，通过对不同背景的处理可以锻炼对整体画面的把控能力。

（1）五官的刻画

五官的刻画主要是对轮廓边缘受光感和对耳朵的刻画，同时增添了一些皮肤细节。在鬓角部位的皮肤也做了处理，以便体现发丝细节（图6-20）。

图6-20　五官刻画

（2）身体的刻画

在身体2图层进行细致刻画，主要精力放在对手的刻画上（图6-21）。

（3）发饰的刻画

发饰的刻画除了头顶花环的刻画之外，也需要对发辫、发丝进行刻画，尤其是头发与皮肤交界处以及头发右侧边缘的发丝刻画（图6-22）。

图6-21 身体刻画

图6-22 发饰刻画

Chapter
1
Chapter
2
Chapter
3
Chapter
4
Chapter
5
Chapter
6
Chapter
7

（4）服装的刻画

服装的刻画主要是添加了角色的头纱。头纱的刻画方法是先绘制头纱起伏转折，再使用小笔触拾取纱裙暗部颜色来绘制，绘制时的纱网不必全部画出，重点绘制头纱四周特别是与人物、捧花有接触的地方（图6-23、图6-24）。

图6-23　头纱刻画

 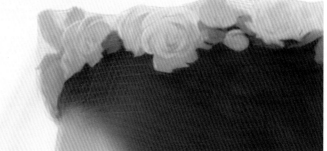

图6-24　头纱局部

（5）配饰的刻画

本步骤除了对项链进行最后的刻画之外，还为少女的纱裙添加了一些配饰，使用的是素材拼接处理的方式。

打开案例源文件中的"饰品素材.psd"文件，选择合适的饰品，通过复制粘贴和自由变换（Ctrl+T），设计出需要的饰品样式，降低图层透明度后放在合适的图层（图6-25、图6-26）。

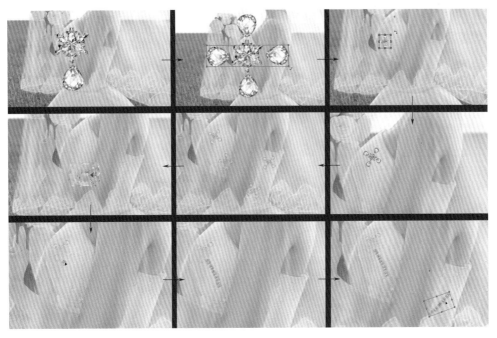

图6-25　素材拼接

图6-26　配饰刻画

Chapter 1

Chapter 2

Chapter 3

Chapter 4

Chapter 5

Chapter 6

Chapter 7

（6）捧花的刻画

本步骤主要是对手捧花进行最后的刻画（图6-27）。

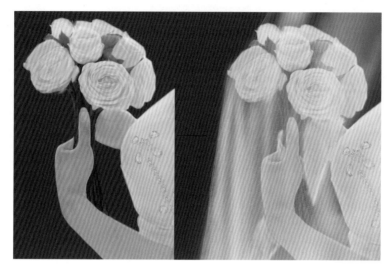

图6-27 捧花刻画

（7）背景的刻画

关闭显示底层参考色，打开背景层的显示，完成本节刻画（图6-28）。

图6-28 完成绘制

6.6　质感与画面处理

　　绘制部分完成以后，并不代表作品的完成，本节列举了同一主题下两个不同背景气氛的作品的绘制方式。这两种方式在最终处理时手法相同，首先是执行盖印图层，将原分层图层放置到组中并命名为组1（图6-29），然后将盖印图层复制后为图像添加一个照片滤镜（"图像" > "调整" > "照片滤镜"），最后添加一个镜头光晕（"滤镜" > "渲染" > "镜头光晕"）（图6-30），完成案例作品的创作（图6-31、图6-32）。

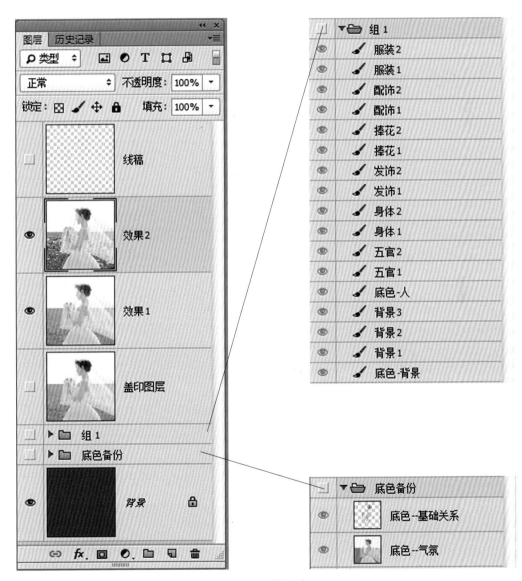

图6-29　图层分布

图6-30　效果添加

图6-31　田野中的少女一

图6-32　田野中的少女二

 实战练习

　　设定一个主题，完成一张创作。如襁褓中的婴儿、我的父/母、耄耋老人等，除了要求画出人物的精神面貌和皮肤、服装、道具的质感外，还要求通过不同颜色的调整、不同背景的改变，实现不同的作品立意和人物状态。

07

第7章

戴红花小女孩的创作

本案例为水彩绘画风格，使用了 Photoshop CC 2018 版本进行创作，虽然使用了新画笔——"Kyle的墨水盒–传统漫画家"，但客观地讲，任何一个版本的 Photoshop 都有一个"硬边圆"画笔，大家可以通过调节流量、透明度实现类似的笔触效果。

 7.1 绘前分析

（1）绘制分析

本案例的设定为穿白裙子、戴红花的小女孩半身像。

儿童作品的塑造重点是五官，这主要是由儿童脸部的结构不如成年人明显决定的。由于儿童的鼻子结构往往并不突出，鼻骨部分未发育完全导致鼻骨不高，因此五官当中的眼睛和嘴巴常被作为作品的重点。另外，作为表现儿童的作品，颜色往往清新明快，这正是由于作品须服务于主题，主题的设定决定了颜色和塑造的重点。

与其他案例相同，建议读者朋友善用数字绘画的优势，在创作过程中和作品完成后，都可以使用软件对整体或局部、某一图层的画面颜色、黑白灰关系进行调整，在完成本案例过程中可以适当利用软件进行校色等操作，以达到更好更快的效果。

案例创作时可以直接上色，也可以采取先画黑白稿再统一着色的方法。

（2）分层与工具

通过前期案例的学习，合理分层的重要性已经不言而喻。在绘制时，可以依照身体部位的不同进行分层，也可以按照常规绘画时的塑造规律分层，具体方法因人而异、因作品创作完成后的使用方式有所区分。本案例在创作时的分层方法兼而有之。

工具方面，本案例使用的是"画笔工具">"湿介质画笔">"Kyle的墨水盒–传统漫画家"

画笔，在绘制过程中将画笔的不透明度和流量都降到50%左右。在进行基础塑造之后，使用了"Kyle的绘画盒-潮湿混合器"工具，将强度设置到30%左右进行笔触融合。图7-1是用不同透明度和流量分别进行颜色混合的效果。

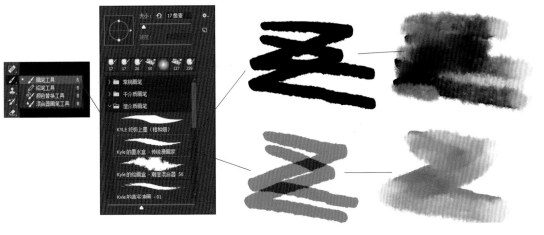

图7-1 画笔测试

　　本案例还大量使用了笔触融合和模糊的工具，图7-2从左至右分别是"Kyle的绘画盒-潮湿混合器"工具（强度15%）、模糊工具（强度85%）、涂抹工具（强度25%）。其中不难发现，模糊工具更适合用于对暗部进行虚实整理，另外两个工具的效果差别则不明显。

图7-2 工具测试

 ## 7.2 构图起稿

（1）新建画布
新建A4画布（图7-3），注意选择颜色模式为RGB颜色。

（2）绘制线稿
Photoshop CC 2018版本的画笔工具新增了"平滑"功能，这个功能类似于SAI的"抖动修正"，可以通过修改平滑数值辅助创作者将线条修改得更为圆滑，适宜对作品线条有一定要求的创作者。当然，较大的平滑数值也会明显增加电脑计算的时间，产生延迟感，因此建议大

图7-3　新建画布图

图7-4　画笔设置

家多加尝试，选择适宜个人感受的平滑值。图7-4即平滑数值分别为"0%"和"20%"时的
线条测试效果。

　　在图层面板新建线稿层，选择画笔工具中的"Kyle的墨水盒-传统漫画家"画笔，设置笔
刷不透明度和流量分别为50%左右，平滑值为20%，在线稿层使用黑色起稿绘制线稿。线稿
可以绘制得稍微充分些，主要以女孩的五官为主（图7-5）。

图7-5　绘制线稿

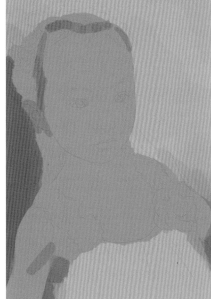

 7.3　色稿铺设

　　本步骤的基本思路是将线稿图层放置在图层面板的最上层，在线稿图层之下按照身体部位分层铺设各部分的固有色，快速描绘画面气氛。

　　在线稿图层下方分别新建"服饰底色"（红花R:221、G:80、B：80）、"头发底色"（R:39、G:17、B：3）、"五官底色"（眼球深棕色R:185、G:88、B：89；嘴唇红色R:188、G:81、B：81）、"皮肤底色"（R:195、G:142、B：136）、"投影底色"（R:132、G:105、B：123）五个底色图层并铺设底色（图7-6、图7-7）。

图7-6　铺设底色

图7-7　底色叠加

7.4 基础塑造

本步骤的基本思路是在每一基础图层之上新建了塑造图层（图7-8）。

通过完成图与基础铺色的对比，可以直观地看到完成基础塑造步骤后的效果（图7-9）。

图7-8 基础分层

图7-9 基础塑造

7.5 深入刻画

　　深入刻画阶段不仅需要在每一塑造图层之上分别新建图层进行深入刻画，还需要考虑整体画面效果。在这一阶段，需要降低线稿图层的不透明度，弱化线稿在画面上的效果，对线稿潦草的部分还需擦除。

　　图7-10～图7-14是分别添加深入刻画图层之后的效果，图7-15是本阶段的完成图。

图7-10　刻画皮肤

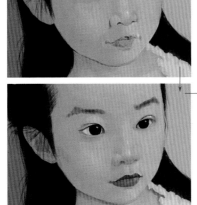

图7-11　刻画五官

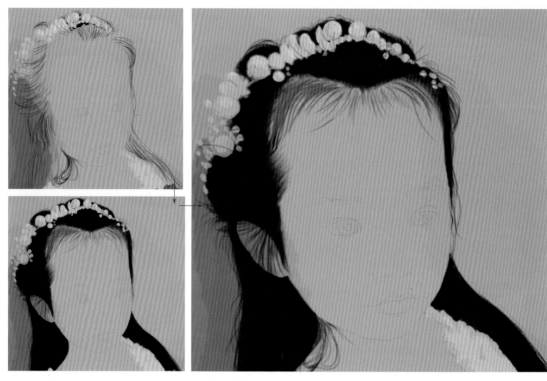

图7-12 刻画头发

图7-13 刻画服饰

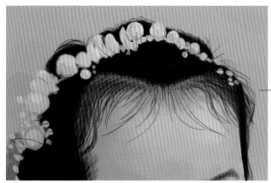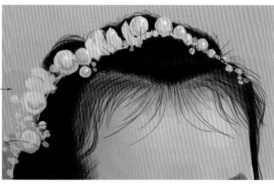

图7-14 刻画头饰

图7-15 深入刻画完成图

 7.6 质感与画面处理

　　整体来说，本阶段的主要任务是对画面的整体效果做进一步完善。这一阶段并非完全刻画，而是有针对性地处理画面的主次、虚实、空间等关系。具体来说，除了对暗部做模糊之外，分别新建图层，对五官和服饰的细节进行了精细刻画并整理图层（图7-16 ～图7-19）。

Chapter 1

Chapter 2

Chapter 3

Chapter 4

Chapter 5

Chapter 6

Chapter 7

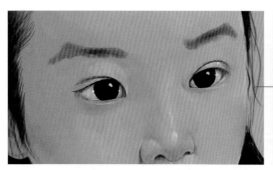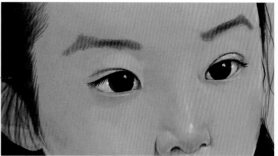

图7-16 完善五官

图7-17 完善服饰

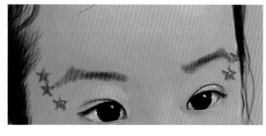

图7-18 添加装饰

图7-19 图层分布

通过最后阶段的完善，完成作品（图7-20）。

图7-20　作品完成

 实战练习

　　使用软件自带画笔工具或下载水彩风格的画笔工具，从童话故事、神话传说中寻找素材，如"白雪公主""嫦娥""小精灵"等，以此为主题进行创作，可以主观地设计角色的场景、光影、服饰、道具等，完成一幅主题性插画作品。

Chapter 1

Chapter 2

Chapter 3

Chapter 4

Chapter 5

Chapter 6

Chapter 7